T0145069

Geheimsache Siel oder kann Wasser bergauf fließen?

Frank Ahlhorn • Udo Schotten

Geheimsache Siel oder kann Wasser bergauf fließen?

Entwässerung im Norddeutschen Tiefland

Frank Ahlhorn
Küste und Raum - Ahlhorn & Meyerdirks GbR
Varel, Deutschland

Udo Schotten
Dülmen, Deutschland

ISBN 978-3-658-16978-7 ISBN 978-3-658-16979-4 (eBook)
DOI 10.1007/978-3-658-16979-4

Die Deutsche Nationalbibliothek verzeichnet diese Publikation in der Deutschen Nationalbibliografie; detaillierte bibliografische Daten sind im Internet über http://dnb.d-nb.de abrufbar.

Springer Vieweg

Illustrationen: Udo Schotten, www.uscho.de

Gedruckt auf säurefreiem und chlorfrei gebleichtem Papier

Springer Vieweg ist Teil von Springer Nature
Die eingetragene Gesellschaft ist Springer Fachmedien Wiesbaden GmbH
Die Anschrift der Gesellschaft ist: Abraham-Lincoln-Strasse 46, 65189 Wiesbaden, Germany

Vorwort

Liebe Kinder, liebe Eltern,

ich hab dieses Buch geschrieben, da der Umgang mit dem Wasser in der heutigen Zeit sehr wichtig ist. Heute werden Entscheidungen getroffen, die sich in der Zukunft auswirken und bewähren müssen. Wenn es darum geht, das Regenwasser sicher in die Flüsse und letztendlich in das Meer abzuführen. Euch ist bestimmt noch in Erinnerung, dass es vor einigen Jahren Überschwemmungen an den Flüssen Rhein und Elbe gab. Aus den Erfahrungen dieser Hochwasserereignisse wurde gelernt, dass das Wasser wieder mehr Platz benötigt. Also Entscheidungen aus der Vergangenheit, die Flüsse zu begradigen und ihnen Platz zur Ausbreitung bei steigendem Wasserstand wegzunehmen, erweisen sich heute als Problem.

Ganz besonders schwierig ist es, wenn kein natürliches Gefälle vorhanden ist. In den Bergen läuft das Wasser immer den Berg hinab, aber an der Küste ist so ein Gefälle in der Landschaft nicht vorhanden. An einigen Stellen muss das Wasser bergauf fließen. Das geht nicht ohne menschliche Hilfe. Darum wurden erst Windmühlen und heute elektrische Pumpen eingesetzt. Als diese Hilfsapparate zum ersten Mal eingesetzt wurden, war vom Klimawandel noch gar nicht die Rede. Heute müssen die Entwässerungsverbände und Ingenieure das Land trocken halten und die Häuser vor Hochwasser schützen und die möglichen Veränderungen durch den Klimawandel berücksichtigen. Schon jetzt stellen die Verbände fest, dass mehr Regenwasser in Jahreszeiten fällt, in denen es weder von der Natur noch vom Menschen gebraucht wird: nämlich im Winter. Dafür werden die Sommer trockener, also fällt dann nicht mehr genug Regen. Diese Entwicklung kann in Zukunft noch schlimmer werden. Um darauf vorbereitet zu sein, müssen heute die richtigen Entscheidungen getroffen werden.

Dieses Buch beschreibt die Situation, die an der deutschen Küste zu finden ist. In den letzten Kapiteln werden erste Überlegungen beschrieben, die zur Lösung der möglichen, zukünftigen Probleme beitragen können. Überraschenderweise sind diese Lösungen nicht unbedingt neu, sie sind teilweise auch schon vor langer Zeit angewendet worden.

Die vier Detektive tauschen sich mit Freunden aus den Niederlanden aus, die sich mit Lösungen zum Thema Wasser in ihrer Umgebung beschäftigen. Auch dort werden unterschiedliche Lösungen angestrebt, die dem Wasser mehr Platz geben.

Mit diesem Buch möchte ich auf die Situation und die Herausforderungen der Wasserwirtschaft an der Küste aufmerksam machen. Die spezielle Situation, das große Flächen unter dem Meeresspiegel liegen und von Menschen bewohnt und bearbeitet werden, lässt neben dem Küstenschutz (Schutz vor Sturmfluten) auch die Entwässerung tief liegender Gebiete zur Daueraufgabe werden. Die Hochwasserproblematik, die in diesem Buch behandelt wird, wird hauptsächlich aus der Sicht der Küste beschrieben, ist aber teilweise übertragbar auf das Binnenland. Der Klimawandel wird auch hier zu Veränderungen bei Niederschlägen führen, die über die Kanäle und Flüsse abgeführt werden müssen (zu viel Wasser). Oder es wird nicht genügend Regen fallen, so dass manche Flächen bewässert werden müssen. Wenn wir jetzt die Weichen richtig stellen, werden wir für die Zukunft gewappnet sein.

Herzliche Grüße und viel Spaß beim Lesen,
Frank Ahlhorn

Inhaltsverzeichnis

1 Die Markierung an der Brücke

> „Lieber Marten, liebe DCW-Mitglieder,
> vielen Dank für eure Mail. Nachdem ich sie aufmerksam gelesen hatte, denke ich, dass ihr jetzt etliche Informationen zusammengetragen habt. In den letzten Wochen ist eine Menge passiert. Ihr habt einiges unternommen, um dem Wasser auf die Spur zu kommen.
> Für das kommende Wochenende habe ich mir Folgendes überlegt ..."

So begann die letzte Mail des kleinen Professors, die in meinem elektronischen Postfach landete. Am nächsten Tag sollte unser Abenteuer beginnen.

Bevor ich über den angedeuteten Ausflug schreibe, möchte ich unsere Geschichte von Anfang an erzählen. Mein Name ist Marten und die Erlebnisse der vergangenen Wochen habe ich in meinem Tagebuch festgehalten.

Die Geschichte begann im Frühjahr des letzten Jahres. Meine Geschwister und ich spielten an der Leke, einem Bach in der Nähe unseres Hauses. Wir waren regelmäßig dort und versuchten, Fische zu fangen. Wir fingen nie viele und meistens auch keine großen Fische. Zurzeit führte die Leke kaum Wasser, sodass wir bequem mit den Stiefeln hindurch waten konnten. Vielleicht findest Du auch einen kleinen Wasserlauf in Deiner Nähe.

F. Ahlhorn, U. Schotten, *Geheimsache Siel oder kann Wasser bergauf fließen?*,
DOI 10.1007/978-3-658-16979-4_1

Die Leke schlängelt sich durch die Felder und Wiesen hinter unserem Haus. Wir wohnen in einem Stadtteil, der gleich an einen Wald grenzt. Zwischen den Gebäuden und dem Wald grasen im Sommer die Kühe. Auf den Feldern wird Mais angepflanzt. Mittlerweile gibt es so viele Maisfelder, dass wir im Herbst durch ein Maislabyrinth fahren können. Ist der Mais abgeerntet, haben wir wieder freie Sicht.

Wir spielten häufiger in der Leke und bauten Staudämme. Damals kam mir die Idee, dass ich gerne wüsste, wo das Wasser in der Leke herkommt.

Ich fragte mich, wie ich mir den Anfang der Leke vorzustellen habe. Kommt das Wasser aus einem Loch im Boden herausgesprudelt? Oder wird die Leke an ihrem Ursprung immer schmaler oder beginnt sie in einer Grüppe? Grüppen sind schmale Rillen in den Feldern, die das Regenwasser sammeln. Wenn Regen fällt, versickert ein Teil davon im Boden. Ist der Boden vollgesogen wie ein Schwamm, entstehen Pfützen auf dem Feld. Darüber freuen sich die Landwirte nicht. Du fragst Dich, warum? Der Bauer muss mit seinem Trecker auf dem Acker fahren können, um beispielsweise Gülle auszubringen oder Mais zu ernten. Steht das Regenwasser zu lange auf der Wiese, weicht der Boden auf. Der Trecker mitsamt den dahinter hängenden Maschinen versinken im Untergrund. In den Grüppen sammelt sich das überschüssige Wasser und wird in den nächsten Graben geleitet. Felder, auf denen solche Rillen nicht zu erkennen sind, werden durch in der Erde vergrabene Rohre entwässert. Das Wasser sickert durch viele kleine Löcher in den Rohren und fließt in den nächstgelegenen Graben. Diese Rohre werden Drainagerohre genannt.

Zurück zu meiner Geschichte. Wir spielten in der Leke und hatten vergeblich versucht, Fische zu fangen. Der mitgebrachte Eimer war gähnend leer. Es begann zu regnen. Erst nieselte es, aber die Wolken am Himmel versprachen mehr. Sie wurden immer dunkler. Doch wir waren nicht aus Zucker. Nach kurzer Zeit fiel uns etwas Erstaunliches auf.

Der Wasserstand in der Leke stieg an. Das ging so langsam, dass wir es kaum bemerkten. An der Brücke gab es eine Markierung, die vom steigenden Wasser allmählich erreicht wurde. Das Wasser in der Leke floss nicht mehr gemächlich dahin. Am Anfang konnten wir in der Leke kleine Sandbänke erkennen, die wie Inseln vom Wasser umflossen wurden. Normalerweise nutzten wir die Inseln, um auf ihnen zu stehen und zu angeln. Meine Schwester Nina sprang von einer Insel zur nächsten, um auf die andere Uferseite zu gelangen. Sie wollte nicht mit dem Wasser in Berührung zu kommen.

Einige Male sprang sie an den Sandbänken vorbei, es platschte und alle lachten. Selten fiel sie dabei ins Wasser. Da wir vorsichtshalber Regenhosen angezogen hatten, konnte sie nicht nass werden. Mein 13-jähriger Bruder Konstantin überwand mit einem einzigen Satz die Leke. Jetzt könnt ihr euch vorstellen, wie breit die Leke an der Brücke ist (Abb. 1.1).

Abb. 1.1 Die Leke fließt durch ein Rohr unter der Straße hindurch

Wir beobachteten das langsam ansteigende Wasser und fragten uns, wo kam das Wasser her? Wo floss es hin? Wenn es regnet und viel Wasser in die Leke kam, konnte es auch so schnell wieder abfließen? Je länger die Leke durch Felder hindurchfließt, stellten wir uns vor, würde immer mehr Wasser hinzukommen. Wir fragten uns, ob die Leke unendlich viel Wasser aufnehmen kann? Das Rohr unter der Brücke ist ziemlich hoch. Wir können bequem darunter herlaufen. Sind alle Rohre so hoch? Wir überlegten, wo landet das Wasser am Ende? Fließt die Leke in einen größeren Fluss oder direkt ins Meer?

Langsam wurde es dunkel, nicht nur wegen der vielen Regenwolken, die Zeit war uns davon gelaufen. Auf dem Weg nach Hause unterhielten wir uns darüber, wie wir Antworten auf unsere Fragen finden könnten. Eine erste Idee war, unsere Eltern zu fragen. Vielleicht wissen die beiden, wo das Wasser der Leke hinfließt. Unser Vater berichtete immer viel zum Thema Wasser, aber richtig zugehört hatte ihm keiner von uns. Jetzt bedauerten wir das. Nun hatten wir aber einen Grund, ihn zu darüber auszufragen. Es fiel uns leichter, Fragen zu stellen, denn wir hatten eine interessante Beobachtung gemacht und wollten mehr erfahren.

2 Der DCW

Konstantin hatte während der Schulzeit bereits einige Referate gehalten. Er machte den Vorschlag, im Internet nach Informationen zu schauen. Dort gibt es eine Suchmaschine, die bei der Eingabe der richtigen Suchwörter viele andere Internetseiten auflistet, auf denen wir etwas finden könnten. Durch seine Recherchen hat er gelernt, dass nicht alle Hinweise wahr sein müssen. Jonte meinte, wir könnten in der Schule einen Lehrer fragen. Ebenfalls eine gute Idee. Wir hatten im Sachkundeunterricht gerade das Thema Wasser. So beschlossen wir, alle genannten Vorschläge weiter zu verfolgen.

Kurz bevor wir zuhause ankamen, fiel mir etwas anderes ein. Seitdem wir lesen können, liehen wir uns in der Schule Bücher von den „???" aus. Ihr kennt die drei Jungs sicher: Peter, Bob und Justus, die viele spannende Abenteuer erlebt hatten. Ich fragte meine Geschwister, ob wir nicht als Detektivklub auf die Suche nach Informationen zum Wasser gehen wollten. Alle waren einverstanden. Soweit so gut, doch jetzt kam der schwierigere Teil: Wie sollen wir uns nennen? Solche Klubs sind nichts ohne einen Namen. Wir brauchten gute Einfälle. In der Zeitung hatten wir von einer Sonderkommission oder von einem Sondereinsatzkommando gelesen. Diese Bezeichnungen waren uns zu polizeilich angehaucht. Da wir uns nicht einigen konnten, gingen wir ohne Namen weiter.

Zuhause hatten wir vereinbart, dass wir erst einen Namen für unseren Klub finden wollen, um offiziell mit den Nachforschungen zu beginnen. Am besten schlafen wir eine Nacht darüber. Wir absolvierten an diesem Abend das übliche

F. Ahlhorn, U. Schotten, *Geheimsache Siel oder kann Wasser bergauf fließen?*,
DOI 10.1007/978-3-658-16979-4_2

Programm und waren uns sicher, dass wir am nächsten Tag einen geeigneten Namen gefunden hätten.

Bisher konnte ich abends schnell einschlafen, aber heute war das nicht möglich. Ich dachte über die Erlebnisse des Nachmittags nach und auch über die nachfolgenden Schritte. Zwischendurch schoss mir durch den Kopf, dass wir immer noch einen Namen für unseren Klub benötigten. Wenn ich im Bett liege, höre ich gerne Radio. Entweder lausche ich einer Vorlesegeschichte von einer CD oder den Radiosendungen. Kurz vor dem Einschlafen gab es vor den Nachrichten einen spannenden Hinweis:

▶ *„Im Anschluss an diese Nachrichten hören sie eine Unwetterwarnung"* (Abb. 2.1)

Ich hatte das schon häufiger gehört. Es hat mich nie richtig interessiert. Heute Abend hörte ich mir die Nachrichten bis zum Ende an und wartete mit Spannung auf die Unwetterwarnung. In der Nachrichtensendung wurde darüber berichtet, dass nach tagelangem Regen in den Mittelgebirgen viele kleinere Flüsse über die

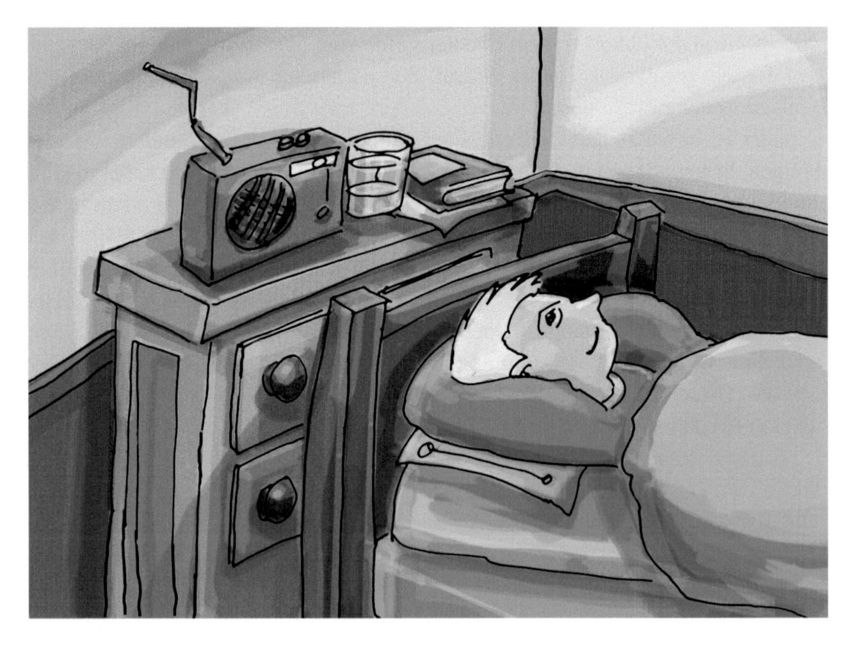

Abb. 2.1 Abends im Bett höre ich gerne Radio, dieses Mal kamen spannende Nachrichten

Ufer getreten waren. Die Pegel der größeren Flüsse, wie Weser, Elbe und Rhein stiegen ebenfalls an. Der Wasserstand hatte noch keine besorgniserregende Höhe erreicht. Ich dachte an den Wasserstand in der Leke, der die Markierung an der Brücke langsam überspült hatte. Der Wasserstand hatte an der Leke auch keine besorgniserregende Höhe erreicht. Was wäre, wenn das Wasser über die Ufer träte? Dann würden die angrenzenden Felder und Häuser vom Wasser überflutet. Keller würden unter Wasser stehen. Meine Gedanken wurden von der Unwetterwarnung unterbrochen:

In den nächsten Tagen wird Tief „August“ weiterhin für viel Niederschlag sorgen, bis zu 50 Liter pro Quadratmeter (l/m^2). Es muss damit gerechnet werden, dass Bäche und Flüsse über die Ufer treten. Die Pegel an den großen Flüssen werden weiter steigen. Bitte achten sie auf die örtlichen Hochwasserwarnungen.

OK, jetzt wusste ich immerhin, dass das Wasser aus Bächen in größere Flüsse fließt. Außerdem wusste ich, dass der Wasserstand nicht nur in unserer Leke ansteigt, sondern auch in großen Flüssen. Bis morgen wollte ich mir das Stichwort *Hochwasser* merken. Wenn wir das in die Suchmaschine eingeben, würden wir bestimmt etwas finden. In Gedanken an steigendes Wasser schlief ich ein. Ernsthaften Sorgen brauchte ich mir nicht zu machen, denn ich schlafe in einem Hochbett.

Am nächsten Morgen wachte ich ziemlich früh auf und hatte gleich eine gute Idee: Wir nennen uns *„Detektivclub Wasser“*. Hoffentlich waren meine Geschwister damit einverstanden! Wenn ja, dann könnten wir sofort mit den Nachforschungen beginnen. Die Umfrage unter meinen Geschwistern verlief zu meinem Erstaunen ohne langwierige Diskussionen. Wir einigten uns auf den von mir vorgeschlagenen Namen. Der Detektivclub Wasser war geboren, wir kürzten ihn mit DCW ab.

3 Erste Schritte

Wir waren glücklich, denn wir hatten einen Namen gefunden. Nun mussten wir noch ein paar Dinge klären: Sollen wir einen festen Treffpunkt einrichten? Sollen wir uns eine Geheimsprache zulegen, damit wir über die Ergebnisse reden können, wenn andere dabei sind? Was benötigen wir außer regenfester Kleidung und Gummistiefel?

Wir einigten uns darauf, dass wir einen Treffpunkt brauchten, bei dem wir gesammeltes Material ablegten. Das war eine reine Vorsichtsmaßnahme gegenüber Mama, wenn sie wieder mal unter HDS litt und alles in eine derartige Unordnung brachte, dass keiner etwas wiederfindet. Wisst ihr, was HDS ist? HDS steht für „Hobby-Defizit-Syndrom" oder ausführlicher: Wenn eure Mutter unter Langeweile leidet, dann kommt sie doch garantiert in euer Zimmer und meint aufräumen zu müssen. Die Abkürzung „HDS" hatten wir nicht erfunden. Mama hatte sie von einer Kollegin gehört, deren Tochter suchte nach einer Bezeichnung für genau dieses Verhalten ihrer Mutter.

Nun war guter Rat teuer. Einen Treffpunkt zu finden, war gar nicht so leicht. Meine Schwester hatte einen glänzenden Einfall. In unserem Garten steht eine Spielhütte, die wir mehr schlecht als recht zusammengebaut hatten. Wir hatten sie um einen Anbau erweitert. Dieser besteht aus zwei Etagen und hat ein Dach. Das Dach war spillerig und damit nicht wetterfest. Regengüsse hielt es nur in den ersten fünf Sekunden ab, danach tröpfelte es an einigen Stellen durch. Wir beschlossen die Bude aufzupolieren, indem wir da ein bisschen Arbeit hineinsteckten. Drei verschiedene Räume könnten entstehen. In einem Raum könnten wir uns treffen

F. Ahlhorn, U. Schotten, *Geheimsache Siel oder kann Wasser bergauf fließen?*,
DOI 10.1007/978-3-658-16979-4_3

Abb. 3.1 Die alte Bude im Garten wurde von uns renoviert

und beratschlagen. Einen anderen würden wir als Archiv nutzen. Der dritte Raum wird als Lager für alle möglichen Dinge genutzt. Darin bewahren wir das Material und unsere „Spezialausrüstung" auf, die zunächst einmal nur aus Gummistiefeln und Regenjacken bestand (Abb. 3.1).

Wir machten uns an die Arbeit. Die nachfolgenden Tage vergingen mit dem Einsammeln von Baumaterial und der Renovierung unserer Bude. Glücklicherweise hatte Papa eine Menge Holz gesammelt, das wir benutzen durften. Da wir im Umgang mit Werkzeugen geübt waren, konnten wir das meiste alleine machen. Einige Bretter musste Papa mit der Kreissäge zuschneiden.

Nach zwei arbeitsreichen Wochenenden war die Bude fertig. Der Treffpunkt des „Detektivclubs Wasser" war bezugsbereit. OK, ein Internetanschluss fehlte uns. Den Aufwand, ein Kabel zu verlegen, wollten wir jedoch nicht betreiben. Vielleicht ist das Dach, auch nach der Reparatur, noch nicht wasserdicht. Wir können den Rechner im Haus nutzen und uns die entsprechenden Notizen machen. Im Versammlungsraum hatten wir eine kleine Kiste platziert, in der wir unsere Verpflegung einlagerten. Konstantin hatte die Kiste von Oma bekommen. Auf der Kiste waren zwei Bretter festgeschraubt, so konnte sie als Tisch genutzt werden. Regale gab es ebenfalls in unserer Bude. An einer Wand hatten wir Platz gelassen, damit wir dort eine Landkarte aufhängen konnten.

Es war Zeit für unser erstes Treffen. Auf diesem ersten Treffen beschlossen wir, dass wir zunächst keine Geheimsprache brauchten. Was die Ausrüstung anginge, wollten wir abwarten, was sich alles im Laufe der Zeit ereignete. Zusammen dachten wir über die ersten Schritte nach. Die ersten Aufgaben wurden verteilt. Nina und ich wollten Papa ausfragen. Konstantin wollte die ersten Informationen aus dem Internet besorgen und Jonte in der Schule den Sachkundelehrer befragen.

Jonte setzte sich zu Konstantin, der begann im Internet nach geeigneten Informationen zu suchen. Nina und ich gingen zu unserem Vater. Wir fragten ihn, ob er wisse, wo das Wasser in der Leke hinfließt und wo es am Ende herauskommt. Wir erzählten ihm, dass wir dem Wasser auf die Spur kommen und als DCW erkunden wollten. Papa fragte, was wir denn schon alles herausgefunden hätten und wie wir auf diese Idee gekommen wären. Wir berichteten ihm von unserem Ausflug und den Beobachtungen an der Leke. Ich sagte ihm, dass ich im Radio eine Unwetterwarnung gehört hatte. In der Unwetterwarnung wurde gesagt, dass an Flüssen und Bächen mit Hochwasser gerechnet werden müsste und dass auf die örtlichen Hochwasserdurchsagen geachtet werden sollte. Vielleicht träten einige Flüsse über die Ufer. Papa meinte, bevor wir das verstehen könnten, müsste er uns erst etwas zeigen.

Papa holte eine Landkarte aus einer Schublade und zeigte uns, wo wir wohnten. Die Leke war als blauer Strich auf der Karte zu erkennen. Wir lernten, dass jede Farbe auf der Karte eine eigene Bedeutung hat und nicht verwendet wird, eine Karte bunt aussehen zu lassen. Wasserläufe, ob Bäche, Flüsse oder Seen werden meistens blau dargestellt. Grüne Farbe wird für Weiden und Wiesen verwendet, wobei dunkleres grün mit ein paar Zeichen darin auf einen Wald hinweist. Hierbei wird zwischen Laub- und Mischwald unterschieden. Flächen, auf denen Häuser stehen, werden braun oder rot eingefärbt. Straßen werden als weiße oder gelbe Striche in Karten eingezeichnet. Wir konzentrierten uns auf den blauen Strich, der unsere Leke war. Auf der Karte waren sogar zwei Leken zu finden, eine Nordender und eine Südender Leke. Unsere Leke trug den Namen Südender Leke, weil sie im Süden unserer Stadt fließt. Bis zu diesem Zeitpunkt war das nur eine Vermutung.

Die Südender Leke hatten wir auf der Karte gefunden und folgten ihrem Verlauf bis zur Quelle. Es zeigte sich, dass wir mit unseren gestrigen Überlegungen der Wahrheit ziemlich nahe kamen. Wir stellten fest, dass der blaue Strich immer dünner wurde. Zu sehen waren auf der Landkarte viele kleine und größere Gräben, die in die Leke münden. Diese Erkenntnis ließ uns den Grund für den steigenden Wasserspiegel bei uns an der Brücke erahnen. Die Leke entwässert ein großes Gebiet und führt das Wasser an unserer Brücke vorbei. Von der Quelle bis zu uns war auf der Karte kein See zu erkennen.

Von der Quelle bis zur Brücke wird die Leke als dünner, blauer Strich dargestellt. Nachdem sie unsere Brücke passiert hat, wird der Strich breiter. Sie wird ab der Brücke mit Begrenzungsstrichen an ihrem Rand in die Landkarte eingezeichnet. Wir fragten Papa, ob wir die Karte mitnehmen dürften, um sie in unserem Versammlungsraum aufzuhängen. Papa vertraute unseren Dachdeckerfähigkeiten nicht vollständig, weshalb er die Karte laminierte. Die Landkarte kann mit dieser Hülle zu allen Außeneinsätzen und bei jedem Wetter mitgenommen werden.

4 Zweites Treffen

Nina und ich nahmen die laminierte Karte mit und hängten sie an die freie Stelle unseres Versammlungsraumes. Das machte schon was her. Wir hatten uns Folienstifte besorgt. Damit markierten wir die wichtigsten Details auf der Landkarte: unser Haus, die Brücke an der Leke und die Leke.

Kurz nach uns trafen die anderen beiden ein, mit vielen Notizen. Die beiden waren völlig platt von den gesammelten Informationen zum Thema Wasser und Hochwasser aus dem Internet. Konstantin und Jonte hatten sich Notizen gemacht, sagten aber, dass wir so nicht vorankommen würden. Wir müssten irgendwie herausfinden, was uns auf die richtige Spur bringen könnte. Dazu brauchten wir noch Tipps von unserem Vater.

Jetzt waren Nina und ich an der Reihe über unsere ersten Erfolge auf den Spuren des Wassers zu berichten. Wir erklärten die Farben und Striche auf der Karte, die wir von Papa bekommen hatten. Im Anschluss an unsere Erläuterungen beschlossen wir, dass wir nochmals mit Papa sprechen mussten. Wir benötigten geeignete Hinweise, um an hilfreiche Informationen zu kommen. Die Zeit verging rasend schnell, sodass wir unser Treffen für heute beendeten. Es war spät geworden, gleich war es Zeit zum Abendessen zu gehen. Wir entschieden uns, die Fragen am Esstisch zu stellen (Abb. 4.1).

F. Ahlhorn, U. Schotten, *Geheimsache Siel oder kann Wasser bergauf fließen?*,
DOI 10.1007/978-3-658-16979-4_4

Abb. 4.1 Die Karte hängt an einer Wand der frisch renovierten Bude

Der Wasserverband

5

Von Papa bekamen wir beim Abendessen den Tipp, das Wort *Wasserverband* in die Suchmaschine einzugeben und zusätzlich den Namen unserer Stadt. Die Suchergebnisse würden damit erheblich eingegrenzt.

Nach dem Essen setzten sich Konstantin und Jonte an den Rechner und gaben das Wort *Wasserverband* ein. Sie erhielten weniger Hinweise als bei ihrer letzten Suche. Zusammen mit dem Namen unserer Stadt waren es noch weniger. Eine überschaubare Anzahl von schlappen 7.400 Hinweisen, von denen einer sehr vielversprechend aussah. Sie folgten dieser Spur, mussten aber erkennen, dass es sich um einen Verband handelte, der Häuser mit Trinkwasser versorgt. Also mit Wasser zum Kochen, Baden, Waschen und so weiter. Wir wollten aber kein Wasser anliefern, sondern über die Gräben abfließen lassen. Aus dieser Sackgasse kamen sie durch eine neue Idee. Sie gaben den Suchbegriff *Entwässerungsverband* ein und wurden fündig. Es gab mehrere Entwässerungsverbände, deren Aufgabe die Entwässerung ihres Verbandsgebietes war. In unserem Landkreis gab es drei Verbände, wobei zwei von ihnen Sielachten heißen.

Über den Entwässerungsverband, zu dem unsere Leke gehört, hatten sie herausgefunden, dass er 1964 gegründet wurde. Das Verbandsgebiet ist ungefähr 7.300 Hektar (ha) groß. Zum Vergleich, damit ihr euch das besser vorstellen könnt: Ein Bundesliga-Fußballfeld ist ungefähr 1 ha groß. Somit entwässert unser Verband 7.300 Fußballfelder. Es gibt einen Chef, der Verbandsvorsteher genannt wird. Jeder Hausbesitzer, dessen Haus im Verbandsgebiet steht, ist Mitglied im Entwässerungsverband. Er zahlt für die Arbeit, die der Verband leistet, einen Beitrag. Ein

F. Ahlhorn, U. Schotten, *Geheimsache Siel oder kann Wasser bergauf fließen?*,
DOI 10.1007/978-3-658-16979-4_5

Entwässerungsverband hat vielfältige und umfangreiche Aufgaben zu erledigen. Konstantin und Jonte hatten sich den sperrigen Satz abgeschrieben:

> „Gewässer und ihre Ufer ausbauen und in einem ordnungsgemäßen Zustand zu halten; Grundstücke zu entwässern, vor Hochwasser zu schützen, um den Boden zu verbessern, einschließlich der Regelung des Bodenwasser- und Bodenlufthaushaltes; Wege und Windschutzanlagen herzustellen und so weit kein anderer verpflichtet werden kann, zu erhalten; Bau und Unterhaltung von Anlagen in und an Gewässern; Herrichtung, Erhaltung und Pflege von Flächen, Anlagen und Gewässern zum Schutz des Naturhaushaltes des Bodens und für die Landschaftspflege."

Oh Mann, dachten wir, als wir das lasen. Hört sich kompliziert an. Außerdem waren in der Aufzählung so viele unverständliche Wörter. Was wir verstanden hatten, war, dass Wasser und Boden etwas miteinander zu tun hatten. Sonst würden diese Begriffe nicht bei einem Entwässerungsverband auftauchen. Die Erklärung dafür ist: wenn der Boden viel Wasser aufnimmt wie ein Schwamm, dann war das gut für die Entwässerung. Das Wasser fließt nicht so schnell in den Graben ab. Zu nass darf es auf den Feldern aber auch nicht werden. Wir sprachen gerade über diesen Punkt, da kam einem von uns die Frage in den Sinn: was passiert eigentlich im Sommer? Wenn im Frühjahr oder Sommer die Sonne scheint, ohne dass es zwischendurch einmal regnet, sagt Mama immer, dass sie die Blumen gießen muss. Sie meint, die Erde wäre staubtrocken und die Pflanzen müssten dursten. Das würde bedeuten, dass das Wasser entweder auf der Fläche, im Boden oder in den Gräben gehalten werden sollte. Diesen Gedanken wollten wir unbedingt nachgehen. Ach ja, Konstantin und Jonte hatten herausgefunden, dass „unser" Verband auch Anlagen unterhält. Anlagen sind Bauwerke, die für die Entwässerung wichtig sind. Zu diesen Anlagen gehören „Unterschöpfwerke" und ein „Mündungsschöpfwerk".

Schöpfwerke. Was sind das für Bauwerke? Auf unseren Fahrradtouren waren wir am Deich entlang gefahren und Papa erzählte von Schleusen und Sielen mit Schöpfwerken. Wir hörten wohl nie richtig zu, deshalb verstanden wir das jetzt nicht wirklich. Obwohl wir uns das Wort *schöpfen* erklären konnten. Wasser wird von einer Seite des Bauwerkes auf die andere „geschöpft", meistens gepumpt. Je nachdem wie breit der Graben oder der Bach ist, desto stärker müssen die Pumpen ausgelegt sein. Stärker heißt, dass sie viel Wasser in einer kurzen Zeit von einer Seite auf die andere schöpfen können. Jedem ist klar, dass solche Bauwerke gebaut und *unterhalten* werden müssen. Unterhaltung heißt, dass regelmäßig geschaut wird, ob alles in Ordnung ist. Wichtig ist, dass bestimmte Bauteile nicht rostig sind und dass die Pumpen anspringen, wenn sie gebraucht werden. Die Einläufe zu den Pumpen dürfen nicht verstopft sein. Sie werden von einem Gitter vor treibenden Gegenständen auf dem Fluss geschützt. Es fängt Äste, Blätter und Müll auf.

Nina fragte uns, warum das Wasser gepumpt werden muss. In der Leke fließt es doch von alleine. Wasser fließt nur bergab, das wussten wir aus eigener Erfahrung, die wir im Garten beim Spielen mit Regenrinnen gesammelt hatten. Wenn wir uns das genau überlegten, würde das heißen, dass die eine Seite des Grabens aus dem gepumpt wird, einen niedrigeren Wasserstand hat als die andere Seite. Wie kann das sein?

Dieses Rätsel musste gelöst werden. Wen sollten wir fragen? Entweder das Internet oder Papa. Wir entschieden uns für Papa, denn das würde schnelleren Erfolg versprechen.

Der kleine Professor

6

Der nächste Tag wurde zum Ruhetag erklärt. Wir wollten keine weiteren Informationen sammeln. Die bisher gesammelten Informationen schrieben wir in eine Kladde, um nichts zu vergessen. Mir schwirrte von den vielen Dingen, die wir bis jetzt herausgefunden hatten, der Kopf. Die Landkarte mit den wichtigen Details und aus dem Internet eine Menge über den Entwässerungsverband. Abends ließ ich das Radio aus und schlief sofort ein.

Morgens stand ich zerschlagen auf und schlenderte zur Schule. Am Nachmittag zeichnete ich den Bereich des Entwässerungsverbandes in die Karte. Wir erhielten einen guten Überblick über das Verbandsgebiet und seine Wasserläufe. Papa war für mehrere Tage auf Dienstreise im Ausland, sodass wir nicht weiterkamen.

Jonte stellte in der Schule seine Fragen zu unserem Untersuchungsobjekt beim Sachkundelehrer. Die Antworten waren nicht wirklich zufriedenstellend. Der Lehrer kannte sich zwar mit dem Thema Wasser aus, aber leider nicht mit der Entwässerung. Er hatte auch gehört, dass es aktuell Hochwasser in einigen großen Flüssen gab. Was bei uns hinter dem Haus passierte und wie die Entwässerung funktionierte, war ihm nicht geläufig. Der Lehrer fragte, ob wir nicht Lust hätten, wenn wir der Spur des Wassers bis zum Ende gefolgt wären, darüber vorzutragen. Das spornte uns noch weiter an, die Spurensuche zu vertiefen.

Wir schleppten uns durch die folgenden Tage. Die berühmte Nadel aus dem Heuhaufen heraus zu picken, also Nützliches in den Unmengen von Hinweisen im Internet zu finden, war mühsam. Konstantin bereitete sich intensiv auf seine anstehenden Klassenarbeiten vor, sodass nicht mehr so viel Zeit und Lust für die Spurensuche vorhanden war.

F. Ahlhorn, U. Schotten, *Geheimsache Siel oder kann Wasser bergauf fließen?*,
DOI 10.1007/978-3-658-16979-4_6

Papa kehrte endlich von seiner Dienstreise zurück und wir nutzten die Gelegenheit, ihn wegen der Schöpfwerke zu befragen. Er meinte, dass er uns natürlich weiterhelfen möchte, doch er unterbreitete uns einen anderen Vorschlag. Am Wochenende würde sein ehemaliger Professor zu Besuch kommen. Der würde sich freuen, davon zu hören, dass wir uns mit dem Thema „Entwässerung" beschäftigten. Er arbeitet schon sehr lange in diesem Thema und ist ein richtiger Experte darin (Abb. 6.1).

Eine nicht zu unterschätzende Eigenschaft von Detektiven ist es, Geduld zu bewahren. Einen geeigneten Moment zu erwischen, indem die brennenden Fragen gestellt werden konnten. Ich erinnerte mich an Detektivgeschichten, die ich las. In denen verharrten die Detektive auf ihrem Beobachtungsposten sehr lange aus, auch wenn nichts passierte. Wir mussten uns also weitere zwei Tage gedulden.

Endlich Samstag! Ich fragte mich, wie wohl der Professor aussehen würde und hatte die verschiedensten Vorstellungen im Kopf. Welche davon passte? War er grauhaarig und zerstreut? War er flippig und immer voller Ideen, wie Daniel Düsentrieb, der geniale Erfinder aus den Mickey Mouse Heften? Professor, das

Abb. 6.1 Unsere Sammlung zum Thema Wasser und natürlich unsere Kladde

klingt schlau, konnten wir ihn am Ende überhaupt verstehen, wenn er über sein Fachgebiet erzählt?

Die Minuten zogen sich hin wie Kaugummi und wurden zu gefühlten Stunden. Die morgendliche Toilette wurde extra in die Länge gezogen, ich hatte meine Zähne gründlicher als sonst geputzt. Was Mama verwunderte. Ich saß an der Eingangstür und wartete. Die warm und weiche hölzerne Treppenstufe fühlte sich mit der Zeit wie kalter und harter Stahl unter meinem Po an. Ich traute mich aber nicht, aufzustehen, sonst würde ich die Ankunft des Professors noch verpassen. Ich betrachtete jedes Auto, doch alle fuhren an unserem Haus vorbei. Endlich hielt ein Auto vor unserer Tür. Ein Mann stieg aus dem Auto, der anders als in meiner Vorstellung aussah. Naja egal, Hauptsache er wusste Bescheid. Papa öffnete die Tür und die beiden begrüßten sich. Der Professor sah mich neben der Tür stehen und begrüßte mich ebenso freundlich. Er war nett und hatte gleich einen Witz auf den Lippen. Für die Beantwortung meiner Fragen war aber noch keine Zeit. Zuerst wollten der Professor und Papa an etwas Wichtigem arbeiten. Der Professor plante eine Reise nach Russland. Er sollte dort einen Vortrag über sein Fachgebiet halten. Diesen Vortrag bereiteten die beiden vor. Der Geduldsfaden wurde immer dünner. Ich überlegte mir verschiedene Dinge, warum ich in das Büro hinein gehen musste. Vielleicht sollte ich einen Feueralarm vortäuschen? Nein. Brauchte ich nicht noch Schreibhefte für die Schule, die im Büro lagen? Nein, auch nicht. Ich stand vor der Bürotür und war kurz davor, anzuklopfen. Ich traute mich nicht. Am Ende setzte ich keine meiner Ideen in die Tat um. Ich wartete.

Nach einer gefühlten Ewigkeit rief Mama zum Mittagessen. Die Gelegenheit, um unsere Fragen beim Professor loszuwerden.

Eine der ersten Fragen war natürlich: *„Bist Du ein richtiger Professor?“* Na klar, war die kurze Antwort. Wir fragten ihn, was ein Professor machen würde. Er meinte, dass er Antworten auf Fragen suchen würde, die bisher noch unbeantwortet wären. Irgendeiner von uns bemerkte, dass er aber nicht sehr groß sei. So bekam er seinen Spitznamen: „Kleiner Professor“. Der kleine Professor erwiderte darauf, dass es in seinem Beruf nicht auf die körperliche Größe ankäme.

Wir erzählten ihm, dass wir an der Leke hinter unserem Haus gespielt hatten. Wir beschrieben ihm unsere Beobachtungen und erklärten, dass wir einen Club gegründet hätten. Er fragte, was genau wir erkunden wollten. Da sagten wir, dass wir dem Wasser auf der Spur seien. Wir wollten verstehen, welchen Weg das Wasser in unserer Leke nimmt. Was habt ihr denn bisher herausgefunden, fragte er. Wir sagten, dass wir im Internet gesurft und dort viele Informationen gefunden hätten. Aus dieser Informationsflut das Richtige herauszufiltern, war schwierig. Zum Schluss erzählte ich die Sache mit den Anlagen und den Schöpfwerken.

Abb. 6.2 Unser Hilfsmittel im Austausch mit dem „Kleinen Professor"

Ich fragte, ob er uns dazu etwas erzählen könne. Der kleine Professor freute sich über die Frage und machte uns das Angebot: Wir könnten ihm unsere Fragen per E-Mail senden. Er würde uns sehr gerne helfen, aber heute hätte er keine Zeit mehr dafür. Der Vortrag für Russland wartete auf seine Fertigstellung.

Wir hatten uns mit dem kleinen Professor verabredet, dass er ab jetzt seinen elektronischen Postkasten regelmäßig anschauen und uns ausführlich antworten würde. Unsere erste Frage war dann natürlich die nach den Schöpfwerken (Abb. 6.2).

7 Höhen und Tiefen

> „Hallo kleiner Professor,
>
> unsere erste Frage ist, warum gibt es im Gebiet eines Entwässerungsverbandes mehrere Schöpfwerke? Wir haben bei uns hinter dem Haus in der Südender Leke gesehen, dass das Wasser von alleine fließt. Wir haben bereits herausgefunden, was Schöpfwerke machen. Wir können uns aber nicht erklären, warum diese Bauwerke notwendig sind.
>
> Viele Grüße, Marten (Mitglied im DCW)"

Die Antwort auf diese Mail kam prompt am nächsten Tag. Es dauerte, bis die Mail heruntergeladen war. Sie enthielt einen Anhang (in E-Mail-Sprech: Attachment). Eine Landkarte von unserer Küste war an die E-Mail gehängt. Auch diese Landkarte zeigte verschiedene Farben. In dieser Karte stellten die Farben die Höhenlagen dar. Es waren die Geländehöhen, also die Angabe, wie hoch ein Punkt in der Landschaft gegenüber dem Meeresspiegel liegt. Die Höhe des Meeresspiegels wird mit Normalhöhennull (NHN) bezeichnet. Das ist ein von den Menschen gesetzter Bezugspunkt, von dem aus die Höhe eines Berges bestimmt wird. Die Zugspitze in den deutschen Alpen ist 2962 Meter hoch. Die Höhenangabe für die Zugspitze ist der Unterschied zwischen der Höhe des Meeresspiels und der obersten Spitze des Berges.

Auf der mitgesandten Karte liegen die grünen Flächen bis zu 2,5 Meter über dem Meeresspiegel. Die gelb gefärbten Flächen befinden sich zwischen 2,5 und 5 Meter über dem Meer. Braune Flächen liegen noch höher über NHN. Alles, was in

F. Ahlhorn, U. Schotten, *Geheimsache Siel oder kann Wasser bergauf fließen?*,
DOI 10.1007/978-3-658-16979-4_7

blauer Farbe eingezeichnet ist, liegt unter dem Meeresspiegel. Je dunkler, desto tiefer liegen diese Flächen. An einigen Stellen sogar drei Meter unter NHN. In der Mail vom kleinen Professor wurde die Karte erklärt:

▶ „Lieber Marten, liebe DCW-Mitglieder,

eure Frage nach den Schöpfwerken ist wichtig. Nur an wenigen Stellen in der Landschaft könnt ihr sehr deutlich sehen, warum Schöpfwerke gebraucht werden. Als erste Orientierung habe ich euch eine Karte an diese E-Mail gehängt. Sie zeigt, wie hoch oder tief die Flächen an unserer Küste bezogen auf den Meeresspiegel (NHN) liegen. Die höchsten Flächen sind die auf dem Geestrücken, sie liegen höher als zehn Meter über NHN. Euer Haus befindet sich auf Ausläufern dieses Geestrückens und liegt damit ziemlich hoch. Dies ist der Grund, warum die Leke hinter dem Haus fließt. Sie fließt von höher zu niedrig liegenden Flächen. Wenn ihr den Finger auf der Karte in Richtung Deich bewegt, dann seht ihr, dass die Geländehöhen abnehmen. Sturmfluten im Mittelalter führten zu Landverlusten. Das Meer ist durch den Deich in das Land eingebrochen und hat den Boden weggeschwemmt. Im Laufe der Zeit sind die an das Meer verloren gegangenen Landflächen wieder eingedeicht worden, doch liegen diese Flächen tiefer als ihre Umgebung. Schaut euch mal bei einer der nächsten Fahrradtouren um, teilweise seht ihr die Höhenunterschiede im Gelände.

Durch stetige Sedimentation, also Ablagerung von Material, das mit dem Wasser transportiert wird, sind die Flächen vor den Deichen aufgewachsen; sie haben an Höhe gewonnen. Die Flächen vor dem Deich, die nicht mit Schlick bedeckt, dafür aber mit Pflanzen bewachsen sind, werden Salzwiese genannt. Wenn die Salzwiese hoch genug aufgewachsen war, wurden die Deiche als Sturmflutschutz in Richtung Meer gebaut. So kam es zu den Höhenunterschieden. Die Flächen, die länger von der Flut mit Sediment versorgt wurden, liegen höher als die zu einem früheren Zeitpunkt eingedeichten Flächen. Daraus folgt, dass das Wasser von der Geest zunächst in das Küstengebiet herunter fließt. Auf dem Weg zum Meer aber streckenweise „bergauf" fließen müsste. Damit der vorhandene Höhenunterschied überwunden werden kann, werden die Schöpfwerke benötigt.

Schaut euch die Karte genau an und macht vielleicht einmal eine Fahrradtour, um etwas von den Höhenunterschieden in der Landschaft zu entdecken.

Ich freue mich auf weitere Fragen und verbleibe als

Der kleine Professor"

8 Erste Erkundungstour in der Leke

Mittwoch war ein guter Tag, um mit einer ersten Erkundungstour zu starten. So hatten wir es bei unserem letzten Treffen in unserer Bude vereinbart. Das Treffen hatte sofort nach der Ankunft der E-Mail vom kleinen Professor stattgefunden. Er hatte in seiner Antwort so viel Neues geschrieben, dass wir uns zu viert daran machten, die Nachricht auszuwerten und zu verstehen.

Die im Anhang beigelegte Karte hatten wir ausgedruckt und ebenfalls laminiert. Ihr wisst unser Dach … Zum Glück war es noch keinem wirklichen Härtetest ausgesetzt. Obwohl, so langsam könnte es mal richtig regnen, dann wüssten wir wenigstens, wo das Dach undicht ist.

Unser Treffen fand bei Keksen und Apfelsaft statt. Die neue Karte sollte auch an der Wand hängen, da sie einen größeren Ausschnitt unserer Region zeigte. Leider hatten wir mit so viel Wandbehang nicht gerechnet. Nachdem die überflüssigen Regale abmontiert waren und die neue Karte an der Wand hing, begann die Besprechung. Zusammen mit dem ausgedruckten E-Mail-Text hatten wir auf die Landkarte geschaut und versucht, unser Haus zu finden. Auf der anderen Karte, die wir von Papa hatten, waren bereits wichtige Stellen markiert. Die Höhenkarte vom kleinen Professor war zuerst wegen der ungewohnten Farben unübersichtlich, aber auch auf ihr waren die Wasserläufe blau eingezeichnet. Wir folgten der Leke mit dem Finger vom Hafen rückwärts bis zu unserem Haus. Häuser, Wälder und Straßen waren auf der Höhenkarte nicht enthalten.

Die Leke hatten wir gleich farbig markiert. Die Nordender Leke war gut zu erkennen. Die Form, die von den beiden Leken rund um unsere Stadt gebildet wird, sieht ein bisschen aus, wie ein Schmetterling. Links und rechts der Leken, also die

F. Ahlhorn, U. Schotten, *Geheimsache Siel oder kann Wasser bergauf fließen?*,
DOI 10.1007/978-3-658-16979-4_8

Flächen in brauner, gelber und grüner Farbe, bilden die Flügel. Die Leken begrenzen den Körper des Schmetterlings und dort, wo beide zusammenfließen, ist der Kopf. Am Kopf beginnen die Fühler. Der südliche Fühler ist das Binnentief zum Schöpfwerk. Der andere Fühler, der von Norden dazu stößt, wird von der Dangaster Leke gebildet (Abb. 8.1).

Wie der kleine Professor geschrieben hatte, wohnen wir auf den höheren Flächen. Diese waren durch die braune Färbung zu erkennen. Danach fällt das Gelände ab, was durch den Übergang zu gelb und grün gekennzeichnet ist. Der von unserer Leke durchflossene Bereich hatte keine blauen Farbtupfer. Aber die Dangaster Leke fließt durch einen großen blauen See. Es sah zumindest auf der Höhenkarte so aus. Ein Vergleich mit der anderen Karte ergab, dass dort kein See war. Wir

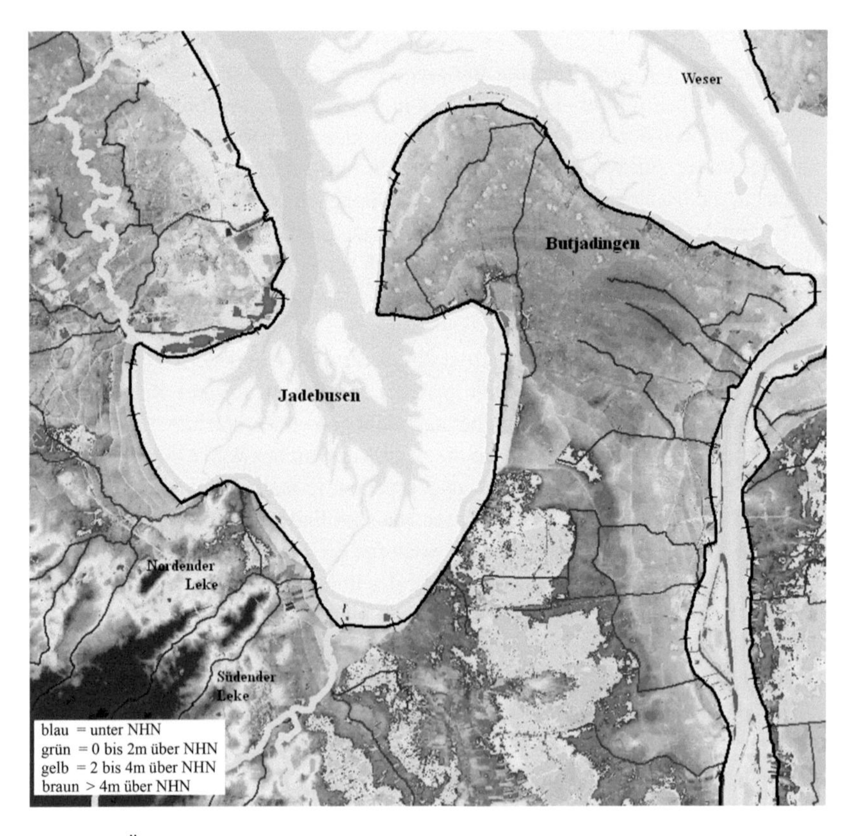

Abb. 8.1 Übersichtskarte über die Leken, den Jadebusen und die nördliche Wesermarsch

wussten durch die teilweise sehr ereignisarmen und langwierigen Landschaftsbildungsradtouren mit unserem Vater, dass dort Moor ist. Moor ist meistens nass und liegt manchmal tiefer als seine Umgebung. Je länger wir die Karte mit den Höhenlinien betrachteten, desto mehr Einzelheiten fielen uns auf.

Beide Leken, die Nordender und die Südender, bilden auf der Höhenkarte einen Canyon. Sozusagen ein Flussbett, durch das sie hindurchfließen. Vielleicht habt ihr auch schon mal vom „Grand Canyon" gehört? Der Grand Canyon liegt in den USA und ist eine riesige Schlucht, durch die der Colorado fließt. Der Colorado hat viel Gestein von den Bergen ausgewaschen und eine Schlucht geformt, die aus dem Weltall von den Astronauten auf der Raumstation zu sehen ist. OK, so imposant ist das Flussbett unserer Leke nicht. Die Schlucht kann von keinem Astronauten beobachtet werden.

Auf der Höhenkarte waren Bereiche zu sehen, in denen die blaue Farbe eindeutig überwog. Wir nahmen uns vor, dort einmal hinfahren zu wollen. Aber zuerst galt es, den kleinen Canyon der Südender Leke zu erkunden.

Den ersten Teil unserer Erkundungstour machten wir in der Leke. Sie führte wieder den Gummistiefel freundlichen Wasserstand. Gestartet sind wir an unserer Brücke. Im Gänsemarsch begannen wir unseren Weg im Flussbett der Leke. Es war nicht gerade spannend. Wir konnten nichts sehen. Die Ufer der Leke waren zu hoch, um darüber hinaus zu schauen. Außer Wiesenrändern auf der einen und Bäume auf der anderen Seite war nichts zu erkennen. Nach einigen Metern mündeten von der Seite zwei Grüppen in die Leke, aus denen Wasser tröpfelte. Etwas weiter hatten Kinder in der Leke gespielt und versucht, einen Staudamm zu bauen. Der Staudamm war allerdings kaputt, nur vereinzelte Hölzer waren noch zu erkennen. Das Hochwasser der letzten Tage wird ihn zerstört haben. Das Wasser wird mit einer solchen Kraft auf dieses spillerige, hölzerne Bauwerk geprallt sein, dass es kein Halten mehr gab. Es macht aber trotzdem Spaß, Staudämme zu bauen. Zu sehen, wie sich für einen, wenn auch nur kurzen, Moment das Wasser dahinter staut. Wie viele Stunden wir damit verbringen können …

Wir wollten der Leke folgen, bis sie einen Gummistiefel überflutenden Wasserstand erreicht hatte. Die geraden und steil abfallenden Ufer waren öde anzusehen. Die Uferränder sahen frisch rasiert aus. Sie waren glitschig und es war schwierig, an ihnen hochzuklettern. Das Aussehen der Uferränder war das Ergebnis der Aufgabenausführung des Entwässerungsverbandes: die Unterhaltung der Leke bedeutete freigeräumte Uferränder. Die Uferränder sollen möglichst wenig mit Pflanzen bewachsen sein, damit das Wasser in der Leke schneller fließen kann. Wir folgten dem geraden Flusslauf, der jetzt durch eine Linkskurve unterbrochen wurde.

Ein Stückchen weiter unterquerte die Leke eine Straße. Danach wurde sie breiter und auch tiefer. Der gewünschte Gummistiefelpegel war erreicht. Es war uns nicht mehr möglich, in ihr zu laufen. Von hier aus waren wir auf den angrenzenden Weiden unterwegs. Zum Glück waren keine Rinder auf der Weide. Da könnte ich euch eine Geschichte erzählen …

Am Ende des Weges machte die Leke einen Bogen und verschwand unter der Autobahn, wir konnten ihr nicht mehr folgen. Wir beschlossen, die Wanderung abzubrechen und den Rückweg anzutreten.

Die Eindrücke dieser Tour wurden notiert und in unserem Archiv abgelegt. Diesen Abschnitt der Leke markierten wir auf der Karte farbig, um zu zeigen, dass wir ihn bereits erkundet hatten. Der nächste Schritt wurde auch schon geplant. Am Wochenende wollten wir mit dem Fahrrad dem restlichen Teil der Leke folgen. Unser Startpunkt lag in der Nähe der Autobahn. Ein Radweg begleitete die Leke auf einem Teilstück. Als wir darüber nachdachten, wo wir starten sollten, fragten wir uns, warum es nicht möglich ist, einen Fahrradweg entlang der Leke anzulegen? Von ihrer Quelle durch die Geest, durch den kleinen Canyon bis zum Meer. Das wäre eine super Touristenattraktion: „Radeln sie im kleinen Canyon der Südender Leke! Entdecken sie die wunderschöne und abwechslungsreiche Landschaft von der Geest runter in die Marsch." Naja, konzentrieren wir uns auf den zweiten Teil der Erkundungstour. Und nun ab zum Abendprogramm, vielleicht kommt wieder etwas Spannendes im Radio.

9 Der kleine Canyon der Südender Leke

Endlich Freitag, die Schule war zu Ende. Nun musste nur noch unser großer Bruder aus der Schule kommen. Da er jeden Tag 6 Stunden hat, war er länger in der Schule als wir. Außerdem musste er noch mit dem Bus fahren. Wie hungrige Löwen durchstreiften wir das Haus und warteten darauf, dass es endlich Zeit für die Fütterung war. Alles Essbare, dass sich uns in den Weg geworfen hatte, wurde unter heimlichem Knurren verspeist. Jeder von uns hatte einen kleinen Proviant für Notzeiten in seinem Zimmer. Es waren Reste vom Faschingslaufen oder von den Geburtstagsabschiedsgeschenken, die wir bei anderen Kindern bekamen. Aber da Notzeiten ziemlich häufig vorkamen, hielt der Vorrat nie lange. Dann mussten wir uns etwas überlegen. Unsere Eltern merkten sofort, wenn wir an den Familienschrank mit den Keksen und Süßigkeiten gingen, um unseren Vorrat aufzufüllen. Egal, wie heimlich wir das auch anstellten. Ich glaube, die beiden hatten eine Überwachungskamera mit Bewegungsmelder in den Schrank eingebaut: Abends, wenn wir dachten, dass die beiden fernsehen, lief in Wirklichkeit die Videoauswertung des vergangenen Tages. Die beiden schauten regelmäßig Tatort, sodass sie bestimmt auf dem aktuellsten Stand der Überwachungstechnik waren.

Konstantin war immer noch nicht da. Hatte der Bus etwa Verspätung? Endlich klingelte es an der Haustür und sofort spritzten alle in die Küche an den Esstisch. Ein Rudel hungriger Löwen isst gesitteter, sogar meine Schwester verschlang ihre Mahlzeit.

F. Ahlhorn, U. Schotten, *Geheimsache Siel oder kann Wasser bergauf fließen?*,
DOI 10.1007/978-3-658-16979-4_9

Die Tour hatten wir gut vorbereitet. Jeder wusste, was er vorzubereiten und mitzunehmen hatte. Nina verstaute in ihrem Rucksack den Proviant. Ich packte die Karten ein, damit wir den Weg der Leke nachvollziehen konnten. Konstantin nahm seinen Fotoapparat mit und Jonte steckte Notizzettel, Stifte sowie ein Fernglas ein. Wir schwangen uns auf die Fahrräder und fuhren zum zweiten Teil der Erkundungstour.

Es ging unsere Straße runter, nach rechts, nach links und wieder nach rechts. Wir hatten die Häuser hinter uns gelassen. Wir überquerten die Leke und radelten auf die Autobahn zu. Der Weg führte zwischen den Feldern hindurch zu einer Autobahnbrücke. Auf dieser Brücke standen wir manchmal und winkten den vorbeifahrenden Autos. Wenn Lkws hupten, dann hörte sich das an, als ob ein Riesensaurier mit Blähungen unter der Brücke hindurch rast.

Die rasante Abfahrt von der Brücke führte durch ein kurzes Waldstück und endete an einer Bundesstraße. Wir folgten dieser Straße, bis die Leke wieder in Sicht kam. Sie war jetzt breiter als bei uns an der Brücke. Die Ufer waren genauso steil und kahl rasiert, wie auf unserer Seite der Autobahn. So weit, wie wir hier sehen konnten, floss die Leke gerade auf die Straße zu, unter ihr hindurch und dann geradewegs durch die Wiesen weiter. Leider war es nicht an dieser Stelle möglich, direkt neben ihr zu fahren. Wir mussten einen Umweg nehmen, um etwas später wieder auf sie zu treffen.

Der Umweg führte uns am Wasserturm der Stadt und am Freibad vorbei. Nach einer Rechtskurve kam die Leke wieder in Sicht. Ab hier konnten wir ihr direkt folgen. Es gab einen Radweg, der zwischen Häusern und der Leke angelegt worden war. Ein von Joggern, Fußgängern und Radfahrern viel genutzter Weg, weil er landschaftlich sehr schön ist. Die anliegenden Häuser verstecken sich hinter hohen Hecken oder Büschen und auf der gegenüberliegenden Seite sind Wiesen. Ungefähr nach der Hälfte des Weges mündet ein großer Graben in die Leke. Der Jethauser Graben, wie wir der Karte entnahmen. Eine Bank zum Ausruhen stand der Einmündung des Jethauser Grabens gegenüber. Wir machten eine kurze Rast, um uns auf der Karte zu orientieren und zu schauen, welchen Weg wir bereits gefahren waren. Wir sahen, dass wir den kleinen Canyon passiert hatten. Nur die Häuser befanden sich noch im braunen Bereich auf der Karte, die Wiesen waren bereits mit grüner Farbe gekennzeichnet. Somit fuhren wir entlang des Geestrandes. Die Marschgebiete, das hatten wir gelernt, waren ehemalige, vom Meerwasser überflutete, Flächen. Diese Flächen wurden vor langer, langer Zeit dem Meer wieder abgerungen. Heute nutzen die Landwirte diese Flächen gerne, denn es ist fruchtbarer Boden (Abb. 9.1).

Abb. 9.1 Während unserer Radtour folgten wir der Leke

Nach einer kurzen Pause ging es weiter. Die Leke wurde im Verlauf des Weges gekreuzt und am Ende mussten wir wieder eine Straße überqueren. Am Horizont sahen wir den Deich. Der Weg der Leke war nicht mehr weit. Folgen konnten wir ihr aber nur noch ein kurzes Stück, denn sie verschwand unter Eisenbahnschienen und tauchte erst auf der anderen Seite wieder auf. Für uns ging es am Bahnhof vorbei, den Geestrücken hoch, über eine Brücke und wieder runter in Richtung Leke. An einer ausgebrannten Druckerei und Kleingärten vorbei hinein ins freie Feld. Ein wunderbarer Weg, besonders jetzt im Frühjahr mit den frischen, kleinen Blättern an den Bäumen. Auf diesem Teil des Weges war der Höhenunterschied zwischen Marsch und Geest deutlich zu erkennen. Ich kann es nicht genau schätzen, wie viele Meter der Höhenunterschied beträgt, aber fünf Meter waren es bestimmt. OK, das ist für uns Flachlandtiroler viel. Mit den Alpen oder dem Sauerland nicht zu vergleichen.

Die Leke folgte unserem Weg in einiger Entfernung, im gleichen Bogen, sodass wir am Ende des Weges wieder auf sie trafen. Ich dachte gerade, dass die Tour bisher sehr ruhig und ohne Unfälle verlaufen war. Plötzlich schepperte es. Konstantin wollte ein Foto von dem Höhenunterschied machen und hatte angehalten. Nina und Jonte waren in ein Gespräch darüber vertieft, wer wohl schneller fahren könne. Und als beide richtig in die Pedale treten wollten, stand jemand im Weg. Zeit für eine Pause. Der süßliche Duft von Keksen und Kuchen veranlasste uns, in den Rucksack zu schauen. Die Kekse in unserem Rucksack waren verpackt, die verbreiteten nicht diesen „Jetzt-aber-her-damit"-Duft. Es war die hinter uns liegende Keksfabrik. Der Wind stand günstig und so traf uns der verführerische Duft.

Nach der Pause ging es gestärkt weiter. An den Rädern war nichts passiert, was wir nicht hätten gerade biegen können. Zum Glück. An dieser Stelle muss ich das mal schreiben, auch wenn das total uncool ist, so ein Helm hilft doch! Da hält sich ein möglicher Dachschaden echt in Grenzen.

Am Vareler Hafen fließen die Nordender und die Südender Leke zum Binnentief zusammen. Das Binnentief wird auch Sieltief genannt. Es führt zum Vareler Mündungsschöpfwerk. Wir fuhren bis zum Ende des Binnentiefs und sahen, wie das Wasser unter dem Schöpfwerk hindurchfloss. Die Leke nimmt auf ihrem Weg ganz schön viel Wasser auf und wird zum Ende hin immer breiter.

Zufälligerweise hatten wir am Schöpfwerk den zuständigen Wärter getroffen, den wir fragten, ob er uns etwas über das Bauwerk erzählen könne. Da er mit seiner Arbeit für heute fertig war, machte er das gerne:

Das Siel und Schöpfwerk sind zwei Entwässerungsbauwerke in einem. Das Hinterland, das wir durchradelt hatten, wird die meiste Zeit über das Siel entwässert. Bei uns im Wattenmeer gibt es Ebbe und Flut, das heißt Hoch- und Niedrigwasser. Wenn Flut ist, schließen sich die Sieltore, sobald bei steigender Flut der Wasserstand außen (Meer) höher wird, als er innen ist. Sonst könnte Wasser von außen nach innen gelangen. Durch das automatische Schließen der Sieltore mit der Flut kann kein Salzwasser hinter den Deich fließen. Die Zeit, in der das Süßwasser von innen nach außen fließen kann, wird Sielzugzeit genannt. Bei hohem Wasserstand vor dem Deich (Außenwasserstand) ist die Sielzugzeit kurz. Das kommt vor, wenn es Wind- oder Sturmfluten gibt. Das Salzwasser des Wattenmeeres wird vom Wind in den Jadebusen gedrückt und steht vor den Deichen. Gibt es im Herbst, Winter oder Frühjahr richtig hohe Sturmfluten und fällt gleichzeitig viel Regen, dann müssen die Pumpen angeworfen werden, um das Süßwasser herauszupumpen. Das schaffen die Pumpen nur bis zu einem bestimmten Außenwasserstand. Irgendwann ist die Leistung der Pumpen zu gering und der Pumpweg (Förderhöhe) für das Wasser zu hoch (Abb. 9.2).

Sicher hat jeder von euch schon vom Klimawandel gehört und darüber, was vielleicht alles auf uns zukommt. Wenn der Meeresspiegel steigt und damit der Niedrigwasserstand, so wäre das schlecht für die Entwässerung. Die Sielzugzeit

Abb. 9.2 Die Leke fließt durch ein Schöpfwerk mit Siel in den Jadebusen

hängt entscheidend von der Höhe des Wasserstandes bei Niedrigwasser ab. Je mehr sich der Wasserstand vor den Deichen erhöht, umso kürzer wird die Zeit, in der das Süßwasser in das Meer abfließen kann.

Uns brummte der Kopf, Jonte hatte fleißig mitgeschrieben, sodass wir uns alles noch mal in Ruhe anschauen konnten. Wir bedankten uns beim Wärter und verabschiedeten uns. Wir nahmen denselben Weg zurück nach Hause. Dort angekommen, berichteten wir über unsere Erlebnisse und neuen Erkenntnisse. Und dann wartete noch eine Überraschung auf uns …

10 Von Grafen und Häuptlingen

Für das folgende Wochenende wurde ein Familienausflug geplant. Da wir uns mittlerweile so gut mit dem Thema Entwässerung, Geländehöhen und -tiefen auskannten, schlug Papa vor, eine Fahrradtour in die Vergangenheit, die Gegenwart und die Zukunft zu machen.

Darunter konnten wir uns wenig vorstellen. Bisher waren die Touren langweilig, es sei denn, wir kamen an Spielplätzen vorbei oder es gab motivierende Unterbrechungen an Eisdielen. Zur Belohnung ein Eis zu bekommen, in der Sonne zu sitzen oder mit dem Eis in der Hand auf einer Schaukel die Beine baumeln zu lassen, waren schöne Pausen. Außerdem fragten wir uns, wie sollte eine Fahrradtour in die Vergangenheit, in die Gegenwart (naja, das war einfach) und dann noch in die Zukunft gehen können? Hatte Papa eine Zeitmaschine ausgeliehen?

Papa versprach etwas, von oldenburgischen Grafen und ostfriesischen Häuptlingen zu erzählen. Die hatten in der Nähe gelebt. Beide hatten einen erbitterten und anstrengenden Kampf gegen das Wasser und zeitweise auch gegeneinander geführt. Das Etappenziel des ersten Tages war ein Campingplatz am Deich. Am nächsten Tag sollte es entlang alter Deiche auf dem Weg zurück nach Hause gehen. Ich möchte euch diesen Ausflug nicht vorenthalten. Ihr sollt ihn genauso miterleben, wie wir ihn erradelten. Die Geschichte von Grafen und Häuptlingen ist ziemlich spannend.

Im Laufe der Woche trafen wir die Vorbereitungen für den Ausflug. Die Fahrräder wurden auf Verkehrstauglichkeit kontrolliert. Das Zelt musste auseinandergenommen werden, damit auch ganz sicher alle Einzelteile vorhanden waren. Beim letzten

F. Ahlhorn, U. Schotten, *Geheimsache Siel oder kann Wasser bergauf fließen?*,
DOI 10.1007/978-3-658-16979-4_10

Abbau hatten wir einige Heringe im Rasen vergessen. Das ist unangenehm aufgefallen, als der Rasen gemäht wurde. Der Rasenmäher machte stotternde Geräusche.

Eine Liste für mitzunehmende Dinge wurde erstellt. Alles wurde an einer Stelle gesammelt. Im Laufe der Zeit kamen viele Sachen zusammen. Wie gut, dass wir einen Fahrradanhänger hatten, in den wir eine Menge einladen konnten. Dieser Anhänger diente zuerst dem Transport von uns Kindern. Das war für unsere Eltern ziemlich praktisch. Jetzt hatten wir alles aus seinem Innenraum ausgebaut. Damit war Platz zum Verstauen im Anhänger geschaffen worden. Pech war nur, dass der Anhänger an jedes, aber auch wirklich an jedes Fahrrad anzuhängen war. So durfte jeder einmal ziehen.

Freitagabend gingen wir rechtzeitig ins Bett, um am nächsten Tag fit zu sein. Am Samstagmorgen gab es ein leckeres und ausführliches Frühstück. Danach wurden die Fahrräder gepackt. Am Vorabend hatten wir die meisten Dinge schon an die Räder gehängt, doch ein paar Sachen fehlten noch.

Helme auf und los ging es bei strahlendem Sonnenschein. Wir fuhren durch den Wald und entlang der Nordender Leke an einem Teich und an einer Porzellanfabrik vorbei. Im nächsten Ort machten wir die erste Rast. Von unserem Rastplatz konnten wir die Höhenunterschiede in der Landschaft deutlich erkennen. Was wir auf unserem letzten Ausflug entlang der Südender Leke gesehen hatten, war auch hier zu sehen.

Wir blickten in Richtung Norden und in die Vergangenheit. Das langsam abfallende Gelände zeugte noch sichtbar von den Spuren der vergangenen Zeit. Schwere Sturmfluten hatten zu tief in das Land reichende Einbrüche geführt. Das fing vor ungefähr 1000 Jahren an und dauerte ungefähr 500 Jahre. Über 500 Jahre haben die Menschen an diesem Teil der Küste darum gekämpft, das vom Meer eingenommene Land zurückzugewinnen. Die Zeit, in der das alles stattgefunden hatte, wird Mittelalter genannt. In dieser Zeit lebten Fürsten, Grafen, Herzöge und in Ostfriesland die Häuptlinge.

Heute ist Ostfriesland die Region, die zwischen dem Dollart und dem Fluss Ems auf der einen und dem Landkreis Friesland auf der anderen Seite liegt. Zwischen dem Jadebusen und Ostfriesland liegt ein schmales Band, das zum Oldenburger Land gehört.

Das war nicht immer so, denn das Meer hatte tiefe Einschnitte in das Land getrieben. Wir sahen über die vor uns liegende Ebene. Diese Landschaft hat den Namen „Schwarzes Brack“ bekommen, weil nach dem Meerwassereinbruch das Wasser durch das zerstörte Moor schwarz gefärbt war (Abb. 10.1).

Wir sattelten auf und ließen uns ins „Schwarze Brack“ hinunterrollen. Ein kurzes Vergnügen, aber immerhin Gefälle. Wir überquerten auf dem Weg zum Dorf Ellens, unserem heutigen Ziel, einige Bäken. Bäken sind Entwässerungsgräben wie unsere

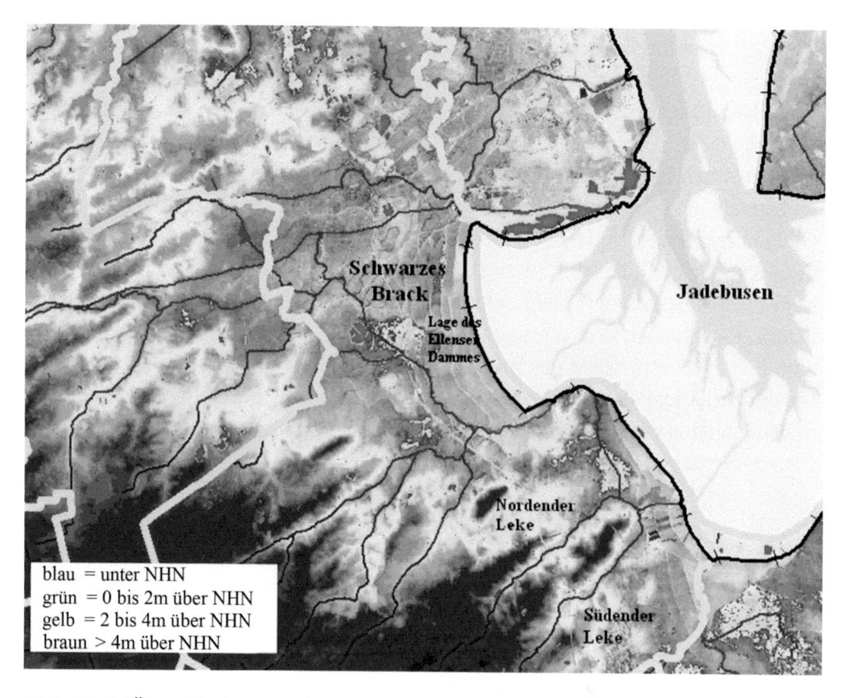

Abb. 10.1 Übersichtskarte zu den Leken, dem Jadebusen und dem Schwarzen Brack

Leke. Die Brunner und die Woppenkamper Bäke entspringen auf der Geest und nehmen einen vergleichbaren Weg, wie unsere Leken in Richtung Jadebusen.

Mit dem Fahrrad durchfuhren wir Felder und Wiesen, die vor 400 Jahren noch vom Wasser überflutet waren. Heute sind sie grün und auf ihnen laufen Kühe. Es wächst der Mais und Windräder erzeugen bei stetigem Wind Strom. Vor über 400 Jahren waren hier Watt und Schlick. Das Meer hatte diesen Teil des Jadebusens erheblich erweitert und die Häuser der damaligen Bewohner zerstört. Die Deiche waren damals niedriger als heute. Die Menschen hatten keine Bagger, Eisenbahnen oder Laster. Alles musste mit Pferdefuhrwerken oder „per Hand" von einem Ort zum anderen transportiert werden. Die Spuren der alten Deiche, von vor über 400 Jahren, sind noch in der Landschaft zu erkennen. An vielen Stellen sind die ehemaligen Deiche abgetragen worden. Zum Beispiel wenn neue Deiche gebaut wurden. Das war praktisch, denn dann musste das Baumaterial nicht über eine lange Strecke gefahren werden.

Die Eindeichung des „Schwarzen Bracks" ging zuerst langsam vor sich, denn die Strömung von Ebbe und Flut war sehr stark. Die ostfriesischen Häuptlinge hatten diesen verheerenden Einbrüchen etwas Positives abgewonnen. Ich hatte berichtet, dass die Ostfriesen heute keinen direkten Zugang zum Jadebusen haben. Das war im Mittelalter für eine Zeit lang auch so. Dadurch konnten sie keinen Seehandel betreiben, sie konnten ihre Waren nicht mit Schiffen zu anderen Häfen oder Handelsplätzen bringen. Sie mussten den Landweg zu einem anderen Dorf oder zu einem Hafen nehmen, der nicht mehr in ihrem Gebiet lag.

Damals standen Zollhäuser auf der Grenze zwischen Ostfriesland und dem Oldenburger Land. Jeder, der diese Grenze passieren wollte, musste dafür Zoll bezahlen. Das wollten die Leute natürlich vermeiden, um Geld zu sparen. Viele Menschen waren damals nicht unterwegs. Händler und berittene Boten kamen viel herum. Es gab noch kein Internet und kein Telefon. Nachrichten wurden entweder mündlich oder schriftlich per Brief, aber immer durch einen Boten auf dem Pferd überbracht. Diese mussten für den Grenzübertritt Zoll bezahlen. Nach dem die Sturmfluten bis weit ins Landesinnere eine Bucht geschlagen hatten, war es für die Ostfriesen möglich, einen eigenen Hafen anzulegen.

Der von der Sturmflut geschaffene Zugang zum Meer barg einen weiteren Vorteil: Die ostfriesischen Häuptlinge konnten die Entwässerung für ihr Gebiet selbstbestimmt regeln. Mit Beginn des Deichbaus vor über 1000 Jahren waren der Schutz vor Sturmfluten und die Entwässerung des Binnenlandes untrennbar miteinander verbunden.

Wir machten im Dorf Ellenserdamm Rast. An dieser Stelle treffen heute das Neustädter und das Friedeburger Tief zusammen und vereinigen sich zum Ellenserdammer Tief. Um den Ellenser Damm rangt sich eine spannende Geschichte, die ich euch jetzt gerne erzählen möchte.

Vor gut 500 Jahren lebte in dieser Gegend, in der Nähe des Schwarzen Bracks, der Häuptling Haro von Oldersum zu Gödens. Genauer gesagt von 1485 bis 1539. Dieser Haro hatte die Zeichen der Zeit erkannt und angefangen, das Schwarze Brack an seinem nördlichen Rand wieder einzudeichen, um neues Land zu gewinnen. Das vergrößerte seinen Besitz und für die Bauern war das eingedeichte Land fruchtbare Ackerfläche. Dazu baute Haro ein Siel in den Deich und davor einen Hafen, über den er regen Seehandel betrieb.

Mit dem Meerwassereinbruch in das Schwarze Brack wurden die Ländereien von Jever im Norden und Oldenburg im Süden getrennt. Die dort herrschenden Grafen bauten ebenfalls Häfen. Wichtiger Anlaufpunkt wurde der von Häuptling Haro gebaute Hafen.

Wenn jetzt der Graf von Oldenburg zu seinen Verwandten in das Jeverland wollte, dann hatte er die Zollstation von Haro zu passieren. Dass der Oldenburger Graf nicht nur auf dem Hin-, sondern auch auf dem Rückweg Zoll zu zahlen hatte, ärgerte ihn maßlos. Der Graf und der Häuptling waren sich nicht einig, wo die

Grenze zwischen Ostfriesland und Oldenburg genau verlief. Die beiden stritten erbittert darum. Es kam sogar zu einer richtigen Fehde, einem Kampf, zwischen 1514 und 1517. Nach diesem Kampf gab es immer noch keine Entscheidung über den Grenzverlauf. Die beiden setzten sich in einem Schloss zusammen und verhandelten zehn Tage miteinander. Schlussendlich einigten sie sich. Nach dieser Einigung hatte der oldenburgische Graf trotzdem noch Zoll zu zahlen, wenn er seine Verwandten im Norden besuchen wollte.

Im Jahre 1575 fiel das nördlich liegende Jeverland an den oldenburgischen Grafen, seine Verwandten waren verstorben. Jetzt trennte das Schwarze Brack Ländereien, die dem oldenburgischen Grafen direkt gehörten. Sollte er in den Norden zu seinen Ländereien fahren wollen, dann musste er die Zollstation der Ostfriesen passieren und zahlen.

Das wollte er aber nicht länger. Darum hat der oldenburgische Graf Johann VII., der von 1540 bis 1603 lebte, beschlossen, einen Damm quer durch das Schwarze Brack zu bauen. Diese Idee war damals wie heute eine ziemlich große und schwierige Aufgabe. Der Wasserstrom von Ebbe und Flut war sehr stark. Zudem gab es noch keine Maschinen, die den Menschen halfen. Es gab keinen Beton. Auch Steine mussten mühsam über weite Strecken transportiert werden. Vor mehr als 400 Jahren fingen die Menschen im Süden und im Norden des Schwarzen Bracks an, einen Damm zu bauen. Das Baumaterial wurde mit Pferdefuhrwerken herangeschafft. Viel Holz für Pfähle und die Verbindung zwischen ihnen wurde benötigt. Mit mehr als 180 Schiffen wurde Erde von den übriggebliebenen Inseln aus dem Jadebusen geholt und mehr als 1000 Menschen hatten bei Wind und Wetter am Deich gebaut. Auch Graf Johann VII. war auf der Baustelle und hat mitgeholfen. Nach ungefähr zehn Jahren Bauzeit, also 3650 Tagen, Wind und Wetter ausgesetzt, Frühjahr, Sommer, Herbst und Winter, waren die Dämme bis auf 40 Meter aneinandergerückt. Der nördliche Damm hatte eine Länge von 1100 Metern oder 1,1 Kilometern. Vom Süden maß der Damm 3700 Meter oder 3,7 Kilometer. Diesen Stand des Dammes hatte Graf Johann VII. nicht mehr miterlebt, da er in der Zwischenzeit verstarb. Sein Sohn, Graf Anton-Günther (1583 – 1667), führte die Arbeiten seines Vaters fort.

Ihr müsst nicht glauben, dass die Ostfriesen diesem Dammbau seelenruhig zuschauten. Sie hatten Angst, dass ihr Hafen vom offenen Meer abgeschnitten und die Entwässerung beeinträchtigt werden würde. Auch damals gab es schon Gerichte und der herrschende Graf von Ostfriesland, Enno, verklagte den Oldenburger Grafen. Der Oldenburger Graf Anton-Günther sagte vor Gericht, dass er nur den Zustand vor dem Meereseinbruch wieder herstellen wolle. Mit dieser Begründung gewann er den langen Streit vor Gericht. Er durfte weiterbauen.

Für Graf Anton-Günther blieb jetzt nur noch ein Loch von ungefähr 40 Meter zu schließen, dann wäre der Damm endlich fertig. Dann bräuchte er keinen Zoll mehr zu zahlen. Es dauerte noch weitere zehn Jahre, bis das Loch endgültig geschlossen wurde. Mehrere gute Deichbauer versuchten sich daran. Immer wieder wurde das Loch durch Sturmfluten aufgerissen. Mit einem hohen Aufwand an Erde, Holz und einem Trick gelang es dann doch, das Loch endgültig im Jahre 1615 zu schließen. Der Trick bestand darin, die Erde zuvor in Säcke abzufüllen und diese Säcke in das Loch hineinzuwerfen. Damit konnte das Wasser nicht die Erde wegtragen, sondern hätte ganze Erdsäcke mitreißen müssen. Dadurch, dass die Menschen die ganze Nacht hindurchgearbeitet hatten, hatten sie es geschafft, das Loch zu schließen. Am nächsten Tag war die Freude riesengroß bei den Deichbauern. Es gab ein Fest zu Ehren der Deichschließung. Im Winter desselben Jahres durchbrach eine Sturmflut dieses Loch wieder. Zum Glück war der neue Durchbruch schnell zu schließen.

Damit war der Deich endgültig geschlossen und der Graf konnte, ohne Zoll zu zahlen, in den Norden reisen. Das neugewonnene Land musste entwässert werden. Dazu waren zwei Siele gebaut worden. Da das neue Land unter dem Meeresspiegel lag, benötigten die Menschen auch damals schon Pumpen. Strom gab es noch nicht und so wurden Windmühlen (Wasserschöpfmühlen) genutzt, um das Wasser aus den Gräben nach oben zu pumpen (Abb. 10.2). Das neu gewonnene Land musste erst trocken gelegt werden, bevor es landwirtschaftlich genutzt werden konnte. Häuser konnten nicht sofort in diesen Bereich des Schwarzen Brackes gebaut werden.

Am Ende hatte der Oldenburger Graf seinen Damm und mit dem Ellenserdammersiel sogar einen Hafen. Den wiederum durften die ostfriesischen Grafen kostenfrei mitbenutzen, das hatten sie sich schlauerweise erstritten. Was denkt ihr, das ist doch eine spannende Geschichte, deren Dramatik heute keiner mehr sehen kann.

Soweit die Geschichte der Grafen und Häuptlinge im Schwarzen Brack. Auf gut befestigten Wegen und ehemaligen Deichen setzten wir unsere Tour fort. Wir durchquerten allerhand Polder, eingedeichtes Land, die Namen von Männern und Frauen tragen. Zuerst hinter und dann auf dem neuen, heutigen Deich radelten wir zum Zeltplatz. Wir bauten das Zelt auf und hatten Glück, dass gerade Hochwasser war. Für ein Bad war das Wasser zu kalt, aber die Füße konnten wir darin abkühlen. Die Sonne verschwand am Horizont über dem Schwarzen Brack hinter dem Deich. Wir saßen am Wasser und genossen den Sonnenuntergang.

Austernfischern waren der morgendliche Wecker am nächsten Tag. Einige Möwen suchten sich ihr Frühstück. Wir frühstückten mit dem Blick auf den Jadebusen, die Skyline von Wilhelmshaven und den Leuchtturm von Arngast. Der

Abb. 10.2 Windmühlen werden heute nicht mehr genutzt, um Wasser zu pumpen

Leuchtturm ist das Anfahrtssignal für die Schiffe, die nach Wilhelmshaven kommen. Er steht an der Stelle einer ehemaligen Insel namens Arngast, die durch Sturmfluten untergegangen war.

Nachdem Frühstück packten wir alles wieder ein und bauten das Zelt ab. Als die Fahrräder gepackt waren, fuhren wir ein Stückchen des Weges, den wir gestern Abend gekommen waren, zurück. Wir wollten zum Schöpfwerk Petershörne.

Gestern hatten wir das Ellenserdammersiel besucht, das bis ungefähr 1926 im Dienst war und das Schwarze Brack entwässert hatte. Im Jahr 1926 hatten die Menschen im entsprechenden Entwässerungsverband beschlossen, die Lücke zwischen dem Deich im Norden und Dangast zu schließen. Dazu bauten sie ein neues Siel, das Petershörner Siel, welches einige Kilometer vor dem Ellenserdammersiel lag. Mit der Fertigstellung war ein Schiffsverkehr vom Ellenserdammersiel nicht mehr möglich.

Das Petershörner Siel wurde mit den anfallenden Wassermengen aus dem Schwarzen Brack nicht fertig. Es war zu klein gebaut worden. Darum ist das Dangaster Siel einige hundert Meter davor errichtet worden. Das Petershörner Siel wurde nicht abgerissen, sondern zu einem Schöpfwerk umgebaut. Heute befindet sich zwischen Petershörner Schöpfwerk und dem Dangaster Siel ein Polder, der ringsum von Deichen umsäumt ist. Bei normalen Wetterverhältnissen können beide Bauwerke das Wasser von innen nach außen ungehindert entwässern. Verhinderte eine Sturmflut die Entwässerung durch das Dangaster Siel, wird das Wasser aus dem Schwarzen Brack in den Polder gepumpt. Bei Niedrigwasser wird es dann abgelassen. Das hat den Vorteil, dass die niedrig liegenden Flächen im Schwarzen Brack nicht überfluten und die Häuser keine nassen Keller bekommen. Eine schlaue Idee dieser Polder, womit wir beim versprochenen Blick in die Zukunft wären, den wir auf unserer Tour machen wollten. Vergangenheit und Gegenwart im ehemaligen Schwarzen Brack und am Ellenserdamm. Gegenwart und Zukunft am Petershörner Schöpfwerk. Eine genauere Erklärung werde ich später in meiner Geschichte geben.

Wir machten uns mit Rückenwind auf den Weg nach Hause. Zuhause angekommen, wurden die Sachen ausgepackt und unsere Drahtesel entlastet. Wir fielen am Abend völlig erschöpft in die Betten. Ich träumte von Häuptlingen, Grafen und Kämpfen auf den Deichen. Von Löchern und Sandsäcken und konnte nur auf der Seite liegen, denn mein Po tat ein bisschen weh.

11 Ausflug zu den Großeltern

Es hat noch ein bisschen gedauert, bis sich mein Po wieder erholt hatte. Die Schule startete am Montag und statt mit dem Fahrrad zu fahren, waren mein Bruder und ich zu Fuß unterwegs.

Am Nachmittag hatten wir uns alle in der Bude getroffen und die Neuigkeiten und Geschichten in unserer Kladde festgehalten. Wir hatten ehemalige Inseln besucht, die heute zum Festland gehören und vor 400 Jahren vom Wasser umspült waren. Hatten Sielorte besucht, die heute mitten im Land liegen. Deren Verbindung zum Meer von einem Sieltief gebildet wird, auf dem kein Schiff mehr fahren kann. Ruderboote oder Kanus hätten auf diesen Entwässerungsgräben Platz genug. Ehemalige Standorte von Wasserschöpfmühlen hatten wir gesehen und verstanden, warum Schöpfwerke wichtig sind.

Wir hatten in der Landschaft die unterschiedlichen Höhen nicht nur vom Geestrücken aus gesehen, sondern hatten sie durch rasante Abfahrten mit dem Fahrrad genießen können. Jeder Bau eines Deiches war mit dem Bau eines Sieles verbunden, um das Regenwasser von innen nach außen zu lassen: Mit dem Schutz vor Sturmfluten musste gleichzeitig die Entwässerung des Binnenlandes geregelt werden.

In Dangast hatten wir gesehen, dass auf ein Schöpfwerk ein Siel folgt und dazwischen ein Polder liegt, der Wasser aus dem Binnenland im Falle einer Sturmflut aufnehmen kann. Quasi ein Auffangbecken, das ich zu Beginn meiner Erzählung am Ende der Leke vermutete. Auf der Höhenkarte schauten wir uns den Weg des Ausfluges noch einmal an und malten uns aus, wie es den Menschen vor 400 Jahren ergangen war. Als sie versuchten, einen Damm von diesem Ausmaß zu

F. Ahlhorn, U. Schotten, *Geheimsache Siel oder kann Wasser bergauf fließen?*,
DOI 10.1007/978-3-658-16979-4_11

bauen. Und wie groß die Freude war, als dies gelang. Doch wie kurz diese Freude nur währte. Ein halbes Jahr später wurde die Arbeit wieder zerstört.

Am Abend telefonierte Papa mit den Großeltern. Die wohnen nicht weit entfernt in einem Dorf. Es sollte einen Ausflug am nächsten Wochenende in die Wesermarsch geben. Papa sagte, wir sollten uns auf der Karte die Höhenlagen der Wesermarsch anschauen und vielleicht den kleinen Professor nach zusätzlichen Informationen befragen. Ich schrieb am nächsten Tag eine E-Mail an den kleinen Professor:

▶ „Lieber kleiner Professor,

wir haben eine Frage an Dich. Am letzten Wochenende waren wir mit dem Fahrrad durch das Schwarze Brack geradelt und haben eine Menge gelernt über Grafen und Häuptlinge. Auch über den Deichbau und die damit zusammenhängende Entwässerung. Die Menschen hatten sich damals ganz schön abschuften müssen.

Am nächsten Wochenende fahren wir in die Wesermarsch zu unseren Großeltern. Papa meint, wir sollten Dich nach Informationen zur Wesermarsch und der Entwässerung fragen. Kannst Du uns weiterhelfen?

Liebe Grüße
Marten (DCW-Mitglied)"

Die Antwort kam prompt am nächsten Tag.

▶ „Lieber Marten, liebe DCW-Mitglieder,

da habt ihr eine interessante Tour durch das Schwarze Brack gemacht. In dem Landschaftsstrich konntet ihr sehr schön die Höhenunterschiede sehen und habt wahrscheinlich auch die alten Orte besucht, die für den Bau des Ellenserdammes wichtig waren. Ja, das war schon eine Meisterleistung, die Schließung dieses Dammes, zumal Graf Johann VII. die Fertigstellung nicht mehr erlebt hatte.

Die Wesermarsch, ein ganz spezieller Fall. Dort habe ich lange Zeit gearbeitet. Ihr habt die Höhenkarte mit meiner letzten Mail bekommen, damit könnt ihr euch orientieren, wie hoch die Flächen liegen. Viele Gebiete liegen unter NHN und nur einige wirklich viel höher als zwei Meter über NHN. In der Regel liegt die Wesermarsch viel niedriger, als ihr wohnt. Ich könnte euch jetzt etwas von der Entwicklung der Wesermarsch schreiben, aber das würde viel zu weit führen. Das müssen wir zu einem anderen Zeitpunkt besprechen.

Die blauen Flächen, die ihr seht, sind Überreste von mittelalterlichen Einbrüchen des Meeres. Was ihr auf der westlichen Seite im Schwarzen Brack gesehen habt, hat es auch auf der östlichen Seite des Jadebusens gegeben. Auf beiden Seiten des Jadebusens gab es große Moore, die nicht wehrhaft genug gegen die Sturmfluten waren. In Sehestedt könnt ihr vor dem Deich noch einen Rest davon sehen: das Schwimmende Moor.

In diesem Bereich gab es viele Deichbauaktivitäten im Mittelalter, die mindestens genauso schwierig waren, wie im Schwarzen Brack. Wenn ich jetzt von der Wesermarsch schreibe, dann meine ich den Bereich nördlich des Flusses Hunte.

In der Wesermarsch gibt es seit mehr als 50 Jahren, also seit den 1960ern, sechs Entwässerungsverbände oder Sielachten. Diese sind aus kleineren Sielachten hervorgegangen, wovon fünf nördlich der Hunte liegen. Im Norden der Entwässerungsverband Butjadingen, darunter die Stadlander Sielacht, der Entwässerungsverband Brake, der Entwässerungsverband Jade und die Moorriem-Ohmsteder Sielacht.

Für den Entwässerungsverband Jade gilt Ähnliches wie für eure Leke. Das Wasser kommt von der Geest, durchfließt die Randmoore und muss dann durch die Marsch. Der Höhenunterschied zwischen Geest und Moor beträgt zum Teil über zehn Meter. Für Butjadingen und Stadland gilt eine besondere Situation. Die Siedler waren komplett vom Salzwasser umgeben, brauchten aber Süßwasser zum Trinken und zum Tränken ihres Viehs. Das Vieh kann kein Salzwasser vertragen. Damals hatten die Leute so genannte Fädinge angelegt. Das waren Regenwasserauffangteiche auf den Wurten. Wurten sind niedrige Erdhügel, auf denen die damaligen Bewohner ihre Häuser bauten, um sich vor Sturmfluten zu schützen.

Im Laufe der Zeit wurde die Deichlinie immer länger und umschloss immer mehr Land. Bis es zur heutigen Form der vollständig eingedeichten Wesermarsch kam. Ringsum war und ist Salzwasser, das weder zum Trinken noch zum Tränken genutzt werden kann. Das Grabenwasser, das sich aus dem Regenwasser speist, ist teils auch versalzen. Für die Versorgung mit Süßwasser ist man auf das Flusswasser aus der Weser angewiesen. Im Süden der Wesermarsch, wo die Salzgehalte gering genug sind, wird es aus der Weser in das Grabensystem eingespeist. Dieser Vorgang wird Zuwässerung genannt und dafür ist vor über hundert Jahren ein besonderes Sielbauwerk mit einem großen Kanal (Butjadinger Zu- und Entwässerungskanal) erstellt worden. In Verbindung mit der Entwässerung sind viele Gräben und Sieltiefe ausgebaut worden. Auch Pumpen wurden gebaut, die das Wasser aus den niedrigen Flächen auf die höheren Entwässerungsgräben pumpen.

Ein ausgeklügeltes System von Gräben und Pumpstationen sorgt für die Entwässerung. Eine Besonderheit ist, dass es dort keine Gräben gibt, in denen das Wasser für die Zuwässerung von alleine fließt. Das Wasser kommt aus der Weser und wird innerhalb von vier Wochen im gesamten Bereich Butjadingens verteilt. Dazu wird der große Kanal genutzt. Nach ein paar Wochen wird das Wasser über Siele und Schöpfwerke wieder abgelassen.

Im Gebiet der Stadlander Sielacht verläuft die Entwässerung ähnlich. Nur ist die Fläche des Verbandsgebietes viel kleiner. Dort gelangt das Wasser aus der Weser schneller in die abgelegeneren Flächen. Die Flächen der Stadlander Sielacht liegen am westlichen Rand sehr viel niedriger als an der Weser. Der Höhenunterschied beträgt bis zu vier Meter. Dieser Höhenunterschied muss vom Wasser überwunden werden. Bei starkem Regen und Hochwasser in der Weser kann es vorkommen, dass niedrig liegende Flächen unter Wasser stehen. In Butjadingen gibt es fünf Bauwerke im Deich, über die das Wasser aus dem Verbandsgebiet abgelassen wird. In Stadland sorgt ein Bauwerk für die Zu- und Entwässerung.

Es gäbe noch viel mehr zu berichten, aber das soll erst mal genügen.
Ich freue mich auf weitere Fragen und verbleibe
Der kleine Professor"

Wir schauten uns die Höhenkarte noch mal genau an und wollten versuchen, die vom kleinen Professor genannten Höhenunterschiede wieder zu finden (Abb. 8.1). Diesmal nutzten wir die Autofahrt nicht, um Geschichten oder Musik zu hören, sondern konzentrierten uns auf die Landschaft.

Erste Beobachtungen waren von Varel in Richtung Diekmannshausen zu machen: die Straße liegt höher als die angrenzenden Felder. Von Diekmannshausen in Richtung Stollhamm waren die Höhenunterschiede noch deutlicher zu erkennen. Die Straße liegt teilweise bis zu zwei Meter höher als das Land. In Augustgroden waren die Höhenunterschiede zwischen altem und neuem Groden zu sehen: Der alte Groden lag niedriger als der neue. Das Meer lagerte über einen längeren Zeitraum Sediment auf diesen Flächen ab. Der neue Groden wuchs höher auf.

Der blühende Löwenzahn malte leuchtend gelbe Farbtupfer in das satte grün der Wiesen. In ein paar Wochen fliegen viele Millionen kleiner Fallschirme auf, sobald der Wind darüber hinweg streicht. Wind weht an der Küste bekanntlich sehr häufig. In das Auto drang der Geruch von frisch-gemähtem Gras für den ersten Silo. Die Bäume bekamen ein grünes Blätterkleid. Kurzum, der Frühling erwachte. Viele Enten und Hasen waren bei genauerem Hinsehen zu beobachten. Manche Felder waren schwarz oder grau-braun, da sie für die Einsaat von Mais oder Getreide vorbereitet wurden. Wir nehmen immer einen abgelegenen Weg zu den Großeltern, der mitten durch Wiesen und Felder führt.

Papa hielt unvermittelt an einer Brücke an und zeigte auf einen Kanal. Er sagte, das sei der Butjadinger Zu- und Entwässerungskanal, der Butjadingen mit Frischwasser aus der Weser versorgt. Der Kanal ist breiter als unsere Leke und führte auch mehr Wasser. Es war gerade Zuwässerung. Links und rechts waren an einigen Stellen niedrige Erhöhungen zu erkennen: Kleine Deiche, die den Kanal begrenzten. Wir haben in den Kanal geschaut, aber das Wasser lag ruhig da. Im Gegensatz zum Fließen in der Leke war im Kanal keine Wasserbewegung zu sehen.

Bei den Großeltern gab es Kaffee, Kuchen und Saft. Ich erzählte, dass wir momentan dem Wasser auf der Spur waren und was wir schon alles herausgefunden hatten.

Opa konnte alte Geschichten aus seiner Kindheit beisteuern. Dass zum Beispiel ein Tankwagen mit Trinkwasser durch Butjadingen fuhr, um Wasser zu verteilen, weil es noch keine Trinkwasserleitungen gab. Manche Bauern holten das Tränkewasser aus Brunnen, in denen das Regenwasser aufgefangen wurde. Er erzählte auch, dass Waddens einen alten Sielhafen hatte. Damals gab es vor dem Waddenser Deich Kutter, die frischen Fisch anlandeten. Auf der Binnenseite lag eine Kneipe, in der Oma und er an den Wochenenden tanzen gegangen waren. Mit der Zeit verschlickte der Priel, der die Zufahrt zum Waddenser Hafen bildete und die Schiffe konnten nicht mehr anlegen. Heute erinnert nur noch eine von Beton umrandete Einfassung an die Lage des ehemaligen Hafens. Schiffe gibt es keine mehr, da die Flut nicht hoch genug aufläuft.

Unser Onkel ist ein leidenschaftlicher Kajakfahrer, der viel auf der Nordsee unterwegs ist. Er hatte sich zufällig ein Kanu ausgeliehen, dass er auf einem Binnensee ausprobieren wollte. Als er von unseren Nachforschungen hörte, schlug er vor, mit dem Kanu auf dem Sieltief zu paddeln (Abb. 11.1).

Das Boot fasste drei Personen und passte bequem auf das Sieltief. Das Wasser war so hoch aufgestaut, dass wir im Kanu sitzend über die Ufer schauen konnten. Wir teilten uns in zwei Gruppen auf, wobei unser Onkel als Kanukapitän bei jeder Tour an Bord war. Die Paddel wurden vom Vordermann bedient, der bei unserem Team durch mich gestellt wurde. Das Einsteigen in ein Kanu ohne Anlegesteg ist

Abb. 11.1 Mit einem Kanu im Siel paddeln und von den Kühen beobachtet werden

eine kipplige Sache. Das Boot wackelte hin und her. Das Wasser war erfrischend, aber hochsommerliche Temperaturen, die zu einem Bad einluden, hatten wir nicht. Als der Kapitän und die beiden Leichtmatrosen an Bord waren, ging es los. Ein ungewohnter Blickwinkel, vom Wasser auf das Land zu schauen.

Eine leichte Brise wehte und wir glitten langsam auf dem Sieltief dahin. Anfangs war die Handhabung des Paddels schwierig, aber nach einer Weile hatte ich den Bogen raus. Die Kühe auf der Weide waren neugierig und kamen im Galopp angelaufen. Dabei entwickelten sie eine derartige Geschwindigkeit, dass ich Angst hatte, sie würden gleich neben uns im Sieltief landen. Sie bremsten jedoch rechtzeitig ab, schnaubten ein wenig in unsere Richtung und begleiteten uns ein Stück. Ich hatte das Gefühl, jede Kuh wollte in der ersten Reihe stehen, um die komischen Flachgesichter im Boot zu beäugen. Wir fuhren weiter und sie schauten uns nach. Was denen wohl durch den Kopf gegangen ist?

Einen Heckdamm konnten wir nicht mehr passieren, der Wasserstand war zu hoch. Seegang und Strömung gab es auf dem Sieltief nicht und somit auch keine *Um*fälle. Als die Paddeltour beendet war, zogen wir das Kanu aus dem Wasser.

Ein toller Tag. So eine Kanutour auf dem Sieltief war etwas Feines. An diesem Abend schlief ich mit einem Lächeln auf dem Gesicht ein.

12 Nieder-Land unter Wasser?

Im letzten Jahr waren wir mit dem Wohnwagen und einer befreundeten Familie auf einen Campingplatz in die Nähe von Groningen in den Niederlanden gefahren. Wir verbringen gerne lange Wochenenden und die Ferientage im Wohnwagen. Damals fuhren wir auf einen netten Platz, von dem aus wir nach Groningen und in die nähere Umgebung radelten.

Ich möchte euch nicht mit der Beschreibung unseres Wohnwagenlebens langweilen, aber an einem Tag radelten wir um ein riesiges Feuchtgebiet. Soweit wir auch guckten, überall grüne Wiesen und dazwischen immer wieder Wasserflächen. Auf den grünen Inseln grasten große, braune Rinder, die lange Hörner und kleine Kälber hatten. Stellt euch das vor, blaues Wasser umrahmte die grünen Wieseninseln, darauf braune Rinder in mitten blühender gelber Butterblumen. Ein leichter Wind wehte und kräuselte das Wasser zu kleinen Wellen.

Viele Fahrräder waren unterwegs. Die Niederländer fahren gerne mit dem Fahrrad, das hatten wir häufig genug erleben dürfen. Unsere Rundtour dauerte ungefähr zwei Stunden und führte um diese grün-blaue Wasserwiese herum. Am Ende führte uns der Radweg an einen Kanal, der von kleinen Motorbooten befahren wurde. An beiden Seiten des Kanals waren niedrige Deiche zu sehen. Der Kanal, so hatten wir auf einer Informationstafel gesehen, hatte Anschluss an ein großes Netz von weiteren Kanälen, die nicht nur der Schifffahrt dienten. Diese Kanäle führten das Regenwasser in die Nordsee ab. Die Nordsee und das Ende der Kanäle waren allerdings mindestens 50 km entfernt vom Campingplatz.

Über den Kanal gelangte der Radwanderer mit einer handbetriebenen Fähre an das andere Ufer. Ihr müsst euch das so vorstellen, dass an einem Ponton zwei

F. Ahlhorn, U. Schotten, *Geheimsache Siel oder kann Wasser bergauf fließen?*,
DOI 10.1007/978-3-658-16979-4_12

Eisenketten befestigt sind. Eine Kette vorne und eine an der anderen Seite. Wer auf die andere Uferseite des Kanals wollte, der musste an einem Schwungrad drehen und die Kette damit einziehen. Wir hatten uns schon einige Euros verdient, in dem wir anderen Leuten geholfen hatten, den Kanal zu überqueren. Wir boten unsere Dienste als Fährkinder an und öffneten die Ketten, um Fahrräder und Fußgänger auf die Fähre zu lassen und auf der anderen Seite wieder herunter.

Als wir von unserer Fahrradtour dort ankamen, hatten diese Aufgabe zwei niederländische Jungs übernommen, die wir bereits vom Campingplatz kannten. Wir hatten schon viele Fußballspiele mit einander bestritten, bis es zu dunkel war, um den Ball oder das Tor zu erkennen. Auf der Fähre verabredeten wir uns mit den beiden für später auf dem Bolzplatz. Die beiden Jungs boten noch weiteren Wanderern ihre Dienste als Fährkinder an, wir dagegen fuhren zum Wohnwagen und pausierten kurz in der Sonne.

Leander und Marc, so hießen die beiden niederländischen Jungs, waren schon auf dem Bolzplatz, als wir dort ankamen. Nina wollte nicht mitspielen, so waren wir also nur fünf Spieler. Einer von uns ging ins Tor und die anderen spielten zwei gegen zwei. Bis tief in den Abend hinein, bis es wirklich zu dunkel war. Auf dem Rückweg zum Wohnwagen erzählten wir den beiden von unserem DCW und dass wir dem Wasser auf der Spur waren. Leander und Marc wurden hellhörig, denn Wasser gehört in den Niederlanden zum täglichen Leben. Beide hatten bereits einige Unterrichtseinheiten zum Thema Wasser genossen. Darin ging es um den Schutz vor Sturmfluten, also Deichbau, und über zu viel Wasser im Binnenland. Die Niederlanden hatten ganz besondere Erfahrungen, eigentlich ziemlich schlechte, mit dem Wasser gemacht, erzählten die beiden. Eine schlimme Sturmflut in 1953 zerstörte viele Häuser, Straßen und Ländereien. Zudem starben viele Menschen und Tiere in den Fluten, die durch die kaputten Deiche in das Binnenland flossen. Danach in den 1990ern gab es zwei große Flusshochwasser, bei denen so viel Wasser über den Rhein in die Niederlande floss, dass angrenzende Ländereien und Häuser überflutet wurden.

Diese Erzählungen nahmen wir gespannt auf, denn so wichtig war das Thema Wasser bei uns in der Schule nicht. Leander erzählte, dass der Kanal über den wir am Nachmittag gefahren waren, zu einem ausgeklügelten Netzwerk von Gräben, Kanälen und Flüssen gehörte, um die angrenzenden Länder und insbesondere die Dörfer vor dem Hochwasser zu schützen. Die Wasserwiesenfläche, die wir umradelt hatten, war ein Überlaufpolder, der bei Hochwasser geflutet wird. Diese Aussage war spannend, denn so etwas Ähnliches hatten wir auf unserer Radtour durch das Schwarze Brack in der Nähe von Dangast auch schon gesehen. Nur der Polder liegt direkt hinter dem Deich, hier liegt der Polder weit weg vom Deich. Dieser Polder dient dem Schutz vor zu viel Wasser, deswegen haben wir viele grüne Inseln gesehen und nicht umgekehrt kleine Wasserflächen auf der Weide. Marc erzählte, dass in der vorherigen Woche viel Regen gefallen war, so dass der Überlaufpolder geflutet wurde. Langsam wird das Wasser wieder aus ihm abgelassen und über das Wassernetzwerk zur Nordsee oder zum Ijsselmeer geleitet. Wir fragten, ob denn das Wasser hier von alleine fließen kann? Die beiden lachten und meinten, das sieht so aus, aber irgendwo ist eine Pumpe, die das Wasser ansaugt und dann in den nächsten Kanal pumpt. Oder die Schleusen werden am Ende der Kanäle geöffnet, so dass das Wasser anfängt abzufließen.

Wir erzählten, dass es bei uns genauso ist. Doch liegen wir viel näher am Deich, somit sind die Wege für das Wasser viel kürzer. Leander meinte, dass wir bestimmt die Windräder in der Wasserwiesenfläche gesehen hätten und fragte, wofür sie dienten? Wir haben schon herausgefunden, dass Windräder zum Pumpen von Wasser genutzt werden und erzählten über unsere Ergebnisse. Genau, die Windräder sind an archimedische Schnecken angeschlossen, die dann das Wasser bei Wind von einer Seite auf die andere pumpen.

Wir merkten gar nicht, wie die Zeit verging, es wurd immer später. Da wir am nächsten Tag abreisen wollten, tauschten wir unsere Handynummern aus. Konstantin hatte ein Handy auf dem eine App installiert war, mit der wir uns schnell austauschen konnten. Leander und Marc hatten beide ein Handy.

Am nächsten Tag bauten wir das Vorzelt ab und verstauten alles im Wohnwagen. Wir erzählten unserem Vater, was wir gestern alles gelernt hatten. Papa meinte, dass wir uns vielleicht eine Karte von dieser Gegend kaufen sollten. Dann könnten wir unsere Erlebnisse und die neuen Erkenntnisse dort eintragen. Glücklicherweise gab es am Kiosk gute Radwanderkarten, die den Bereich von Groningen bis Winschoten zeigten. Winschoten ist eine andere niederländische Stadt, die etwas näher an der deutschen Grenze liegt. Auf der Karte war in Winschoten eine große Wasserfläche eingezeichnet, die uns auf der Fahrt nicht aufgefallen war. Wir wollten auf der Rückfahrt unbedingt darauf achten, ob wir aus dem Auto etwas davon sehen konnten.

Nach der üblichen niederländischen Portion Frites düsten wir mit dem Auto und dem Wohnwagen ab. Auf der Autobahn betrachteten wir gespannt die Landschaft und hofften bald in Winschoten anzukommen. Nach einer lang gezogenen Kurve sahen wir in der Ferne ein riesiges Werbeschild, das uns auf dem Hinweg nicht aufgefallen war. Na gut, wir hatten auch etwas Besseres zu tun: Wir spielten mit unseren Nintendos. Wir näherten uns dem Schild. Mit großen Lettern stand „Blauwe Stad“ darauf, was blaue Stadt bedeutet. Wir fragten Papa, ob wir hier von der Autobahn abfahren könnten, denn wir würden uns die Stadt gerne anschauen. Der Blinker klickerte und wir fuhren in die blaue Stadt. Am Eingang waren große Schilder aufgebaut, auf denen das kleine Meer oder der See umrissen wurde mit kleinen Stegen darin. Diese Stege, so sahen wir später, waren Landzungen, auf denen Häuser gebaut werden sollten. Jedes Haus würde einen Bootsanleger haben. Cool! Auf dem Schild war zu sehen, dass der See mit dem nächsten Kanal verbunden war, so dass die Boote bis nach Groningen und weiter fahren können. Mitten im See war ein Informationshaus aufgebaut worden, um über das Meer, welches Oldambter Meer hieß, und die zu erwerbenden Grundstücke informierte. Die kleine Ausstellung im Eingangsbereich des Informationshauses zeigte, wie die Fläche vor einigen Jahren ausgesehen hatte und erklärte, warum dort jetzt ein See zu finden war. Wir konnten die niederländischen Texte verstehen, da unsere Mutter sehr gut Niederländisch sprach. Außerdem hatten wir es genossen, wenn unser Opa aus niederländischen Kinderbüchern vorlas. Opa kam aus Goor, einem kleinen Städtchen in den Niederlanden.

Das Land war nicht gut geeignet für die Landwirte und außerdem kam an einigen Stellen in der moorigen Fläche salziges Grundwasser an die Oberfläche. So stand die Frage im Raum, was soll mit dem Land geschehen. Landwirte wollten und konnten es in dem Zustand nicht mehr nutzen. Irgendjemand hatte die Idee, wenn das Grundwasser hier so hochsteht, warum denn nicht einen See anlegen und Häuser an das Ufer bauen. So entstand die „Blauwe Stad". Der See hat eine weitere Funktion. Er ist in das vorhin angesprochene Netzwerk der Kanäle und Gräben eingebunden und dient als Zwischenspeicher. Wenn zu viel Regen fällt, dann werden bis zu 4 Millionen Kubikmeter (m^3) Wasser in diesem See gespeichert. Dafür wird im See immer ein etwas niedriger Wasserstand gehalten. Wenn dann zusätzliches Wasser hineingepumpt wird, dann erhöht sich der Wasserstand, aber er überschreitet nicht die Ufer. Die Häuser dürfen doch nicht nass werden.

Wir haben uns gefragt, wie können wir uns diese Wassermenge vorstellen? Zum Beispiel bräuchten wir 333333 Wasserkisten mit 12 Liter Inhalt, um auf diese Menge zu kommen. Oder alle 18 Bundesligafußballfelder zusammen genommen, würden unter Wasser gesetzt, allerdings wäre die Wassersäule ungefähr 22 Meter hoch. Ziemlich unvorstellbar. Vielleicht fallen euch andere, bessere Beispiel ein. Konstantin fiel im Auto noch ein Beispiel ein, denn wir überholten einen Getränkelaster und rechneten aus, wie viele Wasserkisten dort hinein passen würden. Wir kamen auf ungefähr 2700 Kisten pro Laster. Wenn wir jetzt 333333 durch 2700 teilen, dann bräuchten wir ungefähr 124 Laster, um diese Menge an Wasser zu transportieren. Wenn wir annehmen, dass ein Laster 20 Meter lang ist, dann wäre das eine Schlange von 2,5 Kilometer Länge. Unvorstellbar viel! (Abb. 12.1)

Zuhause notierten wir uns die neuen Erkenntnisse in unsere Kladde. Ich schaute auf unsere Karte an der Wand und verglich sie mit der niederländischen Karte. Mir fielen Gemeinsamkeiten und Unterschiede auf. Wasser war überall, Gräben auch. Aber so viele Kanäle wie in den Niederlanden gab es bei uns nicht. So viele große

Abb. 12.1 Wie viel Wasser kann im See der „Blauwen Stad" gespeichert werden?

Wasserflächen hatten wir auch nicht und eine blaue Stadt erst recht nicht. Die Kanäle waren nicht mit unserer kleinen Leke zu vergleichen. Ich hängte die niederländische Karte neben die andere und zeichnete noch ein paar besondere Punkte ein: die Blaue Stadt, die Wasserwiesenfläche am Campingplatz und den daran liegenden Kanal.

In den folgenden Tagen gab es einen regen Austausch mit Leander und Marc, denn die beiden haben auch angefangen, Nachforschungen über das Wasser anzustellen. Leander hatte herausgefunden, dass Teile der Stadt Groningen in 1998 fast überflutet worden wären. Es ist noch einmal gut gegangen, aber um eine mögliche Katastrophe zu verhindern, werden jetzt viele Überlaufpolder in der Nähe der Stadt eingerichtet. In diese Polder kann das Wasser umgeleitet werden, sodass Groningen sicher ist. Diese Polder dienen auch der Naturentwicklung, es siedeln sich Vögel und andere Tierarten an, für die es woanders keine geeigneten Lebensräume mehr gibt. Marc hat herausgefunden, dass mehrere Seen als Zwischenspeicher in Hochwasserzeiten dienen und dass das Wasser vom Ijsselmeer an Groningen vorbei bis zur Ems und umgekehrt, geleitet werden kann. Das konnten wir nicht glauben, wir schauten auf die Karte und sahen, dass tatsächlich alle Wasserwege mit einander verbunden waren. So wurden die Wasserwege nicht nur für die Schifffahrt, sondern auch für den Transport von zu viel Wasser genutzt. Leander und Marc schrieben, dass auch der umgekehrte Fall möglich wäre, nämlich das Bewässern von Flächen. Wenn zu wenig Wasser vorhanden ist, kann Süßwasser aus dem Ijsselmeer über das Kanalnetz an die Stelle gepumpt werden, wo lange kein Regen mehr gefallen und das Land zu trocken ist. Also, was bei uns nicht möglich ist, da es unterschiedliche Wasserstände in den Gebieten eines jeden Entwässerungsverbandes gibt, ist in den nördlichen Niederlanden möglich. Unsere Entwässerungsverbände sind flächenmäßig viel kleiner, denn Leander schrieb, dass es in den Niederlanden nur 26 so genannte Waterschappen (=Wasserverbände) gibt. Bei uns sind es mehr als 100.

Viele neue und spannende Informationen sind in unserer Kladde gelandet. Der Ausflug in die Niederlande hat uns noch mal ganz neue Eindrücke vermittelt. Wir hatten es für möglich gehalten, dass es in anderen Ländern ähnliche Probleme gibt, aber dass es andere Lösungen gibt als die, die bei uns zu finden waren, war interessant. Für uns stand eine weitere Tour in der näheren Umgebung auf dem Plan. Wir wollten die Nordender Leke erkunden.

Wanderung im Tal der Nordender Leke

13

Auf der Fahrradtour zum Schwarzen Brack hatten wir die Nordender Leke ein Stück ihres Weges begleitet. Dabei kam meinen Brüdern die Idee, dass wir durch das „Tal" der Nordender Leke wandern könnten. Wir suchten ein Teilstück aus, das durch den Wald und am Mühlenteich entlang floss. Nina hatte keine Lust mitzufahren.

Wir hatten beschlossen, dass diese Erkundung auch im Flussbett der Leke stattfindet, solange es die Wassertiefe zuließ. Wir mussten auf entsprechendes Wetter warten. Es durfte in den Tagen zuvor nicht zu viel geregnet haben und es musste am Tag der Wanderung einigermaßen warm sein. Wir hatten Glück: Eine Woche nach dem Ausflug zu unseren Großeltern war die Gelegenheit günstig und wir bereiteten alles vor. Wir packten Fotoapparat, Proviant und Handtücher ein.

Von uns aus war es ein kurzer Weg bis zum Wald, in dem wir starten wollten. Es ging mit dem Fahrrad an unserer Schule vorbei, an Bauernhöfen entlang und schon waren wir angekommen. Die Fahrräder stellten wir im Wald hinter ein paar Bäumen ab.

Unsere Überlegungen waren richtig, der Wasserstand in der Nordender Leke war für einen Ausflug geeignet. Allerdings war es an der einen Stelle zu tief, sodass wir etwas weiter den Weg hinuntergingen. Dort konnten wir in die Leke steigen und sie durchwaten.

Nach kurzer Zeit kamen wir an ein Hindernis, das direkt in die Leke eingebaut war. Es bestand links und rechts aus Betonpfeilern und darüber war eine Stange befestigt. An der Seite befand sich eine Kurbel. Unter der Wasseroberfläche erkannten wir eine große Metallplatte, die beidseitig an Ketten hing. Die Ketten waren

F. Ahlhorn, U. Schotten, *Geheimsache Siel oder kann Wasser bergauf fließen?*,
DOI 10.1007/978-3-658-16979-4_13

oben mit der Stange verbunden. Wir schauten uns dieses Bauwerk genau an. Wir begriffen, dass mit Hilfe der Metallplatte der Wasserstand in der Nordender Leke geregelt wird. Je höher die Platte gehoben wird, desto mehr Wasser staut sich dahinter. Steigt der Wasserstand über den Rand der Platte, so kann er in den dahinter liegenden Teil der Leke abfließen. Das Wasser ergießt sich auf eine Kaskade von betonierten Stufen, die bereits braun waren. Während das Wasser über die Metallplatte strömt, verursacht es ähnliche Geräusche wie ein Wasserfall.

Wir versuchten, die Metallplatte zu bewegen, doch das gelang uns nicht. Die Kurbel war mit einem Schloss gesichert. Wir fragten uns, warum? Es sollte wohl nicht jeder den Wasserstand in der Nordender Leke nach seinen eigenen Vorstellungen regulieren dürfen (Abb. 13.1).

Die Nordender Leke führte nach dem künstlichen Wasserfall wenig Wasser. Die Ufer sahen ein bisschen aus, wie wir es uns für den Grand Canyon in Amerika vorstellten. Die Ufer rechts und links waren höher als zuvor. Besonders auf der linken Seite war das Ufer sehr steil. Auf diesem Wall wuchsen Bäume, deren Äste und Laub in die Leke hineinragten. Jetzt im Frühling war das Laub an den Büschen und

Abb. 13.1 Das Wehr in der Nordender Leke reguliert den Wasserstand mit Hilfe einer Stahlplatte

Bäumen neu und lichtgrün. Die schräg einfallenden Sonnenstrahlen erzeugten ein wunderbares Licht, das uns in Gedanken weit weg von der Nordender Leke führte.

Wir stellten uns vor, dass wir auf einer Entdeckungsreise entlang eines Urwaldflusses wären. Vor uns hat kein Mensch diesen Bereich gesehen und wir waren die Ersten, die ungewöhnliche Pflanzen- und Tierarten entdeckten. Wir wurden von unbekannten Geräuschen gefangen genommen …

Die Farne strecken ihre frischen Blätter der Sonne entgegen. Das Moosgrün wirkte durch das Licht sehr intensiv, heruntergefallene Äste und Blätter aus dem Herbst bildeten kleine Hindernisse, an denen das Wasser daran gehindert wurde, dem geraden Verlauf der Leke zu folgen. Es entstanden kleine Stromschnellen und zahlreiche Wellenmuster auf der Wasseroberfläche.

Wir malten uns aus, wie der Urwaldfluss Stromschnellen bildete und wie wir mit einem Kanu auf dem Wasser dahintrieben. Schwankend versuchten wir, etwas von dem unbekannten Ufer zu erkennen und suchten nach einer geeigneten Anlegestelle.

Am Ufer, so schien es, war ein unbekanntes Wesen unterwegs. Wir konnten es deutlich hören. Es schnaubte wild und galoppierte durch das Unterholz. Zweige brachen. Die abgefallenen Blätter raschelten unter dem heranstampfenden Wesen. Wir schauten uns an. Wir suchten nach einer Möglichkeit, diesem Wesen aus dem Weg zu gehen. Aber wohin? In unserem Kanu waren wir gefangen auf dem Fluss. Wir konnten mit unserem Boot nicht gegensteuern und ausweichen. Das fremde Wesen kam näher. Das Schnauben wurde immer lauter und lauter. Es knackte. Plötzlich durchbrach ein schwarzes, Kanonenkugel ähnelndes Wesen die Uferzone. Es landete mit einem lauten Platsch direkt neben uns. Wir erschraken. Durch den Aufschlag im Fluss wurden wir nass. Wir überlegten, wie wir uns vor diesem Wesen in Sicherheit bringen könnten … Da schleckte Joe, der Hund unseres Nachbarn bereits unsere Hände ab. Ein Pfiif aus einer Hundepfeife ertönte und Joe war genauso schnell wieder verschwunden, wie er erschienen war.

Nachdem wir uns von dem Schreck erholt hatten, setzten wir die Erkundungsreise fort. Hoffentlich treffen wir nicht auf weitere unbekannte Wesen. Wir fotografierten während der Lekewanderung besonders viel. Nina sollte einen Eindruck von der Schönheit der Nordender Leke bekommen.

Die Leke unterquert eine Fußgängerbrücke und fließt dann neben dem Mühlenteich her. Am Eingang zum Mühlenteich stürzt sich die Nordender Leke noch einmal eine Kaskade hinunter und verschwindet unter einer Straße in die dahinterliegenden Felder. Von dort ab konnten wir ihrem Bachbett zu Fuß nicht mehr folgen. Wir entschieden, den Weg wieder zurückzugehen und die Fahrräder zu holen.

Wir hatten genügend Zeit, sodass wir der Nordender Leke noch mit unseren Fahrrädern folgten. Direkt neben ihr zu fahren, war leider unmöglich. Wir fuhren durch den Wald parallel neben ihr her. Der Blick in Richtung Nordender Leke zeigte, dass die Felder in ihre Richtung abfielen. So bildet sich ein kleines, kaum wahrnehmbares Tal. Mittlerweile hatten wir Übung darin, solche landschaftlichen Formen zu erkennen.

Am Ende des Fahrradweges mussten wir die Autobahn überqueren. Wir sahen die Leke in einem Gewerbegebiet verschwinden. Danach fließt sie an einer ehemaligen Bundeswehrkaserne entlang. Auf dem Teilstück konnten wir ihr nicht folgen, doch wir wussten, an welcher Stelle sie wieder von einem Fahrradweg begleitet wird. Vor ein paar Jahren wurde der Verlauf der Nordender Leke verlegt, weil eine Fabrik mehr Platz benötigte. Seither fließt sie in einem großen Bogen um das Fabrikgelände herum. Im Anschluss unterquert sie Gleise und ihr restlicher Verlauf führte sie durch Weiden, bis sie mit der Südender Leke zusammentrifft. Von der Bahnstrecke bis Zusammenfluss mit der Südender Leke folgten wir ihr nicht mehr. Wir fuhren durch die Stadt zurück nach Hause.

Wir berichteten Nina von der Wanderung und den wunderschönen Erlebnissen und Ansichten, die ein kleiner Bach bot. Die Fotos spielten wir gleich auf den Computer und zeigten ihr unseren Weg. Ich notierte die Erlebnisse in der Kladde. Die Nordender Leke wurde jetzt ebenfalls mit einer Farbe markiert und ein Ausrufezeichen zierte den Teil des Weges, den wir in der Leke wanderten. Ich markierte ihn als wasserlandschaftlich außerordentlich schön.

Am Abend hatte ich Lust bekommen, dieses Erlebnis dem kleinen Professor mitzuteilen. Ich schrieb ihm eine E-Mail, ohne eine Frage zu stellen. Ich informierte ihn über den Ausflug in die Wesermarsch, die Kanutour und die Geschichten von Opa. Scheinbar hatte der kleine Professor im selben Moment vor seinem Rechner gesessen, denn die Antwort auf meine Nachricht kam rasend schnell durch die Leitung.

▶ „Lieber Marten, liebe DCW-Mitglieder,

vielen Dank für eure Mail. Nachdem ich sie aufmerksam gelesen hatte, denke ich, dass ihr jetzt etliche Informationen zusammengetragen habt. In den letzten Wochen ist eine Menge passiert. Ihr habt einiges unternommen, um dem Wasser auf die Spur zu kommen.

Ich habe mir folgenden Ausflug überlegt: Im Entwässerungsverband Jade hat sich in der letzten Zeit etwas getan. Dort wurde in einem Altarm der Jade ein Überlaufbecken eingerichtet. Mit Interesse habe ich gelesen, dass ihr Kanu erfahren seid. Meine Idee ist, eine Kanutour zu machen, wir steigen im Dorf Jade in den Fluss Jade ein. Am Ende werden wir in den Altarm abbiegen und folgen den Wasserläufen, solange dies möglich ist. Schauen wir mal, wo wir rauskommen.

Ich schlage vor, die Kanutour findet am übernächsten Wochenende statt. Ich habe bereits zwei Kanus gemietet. Euer Vater wird mitkommen. Ich komme zu Euch und wir fahren zusammen nach Jade zur Einstiegsstelle.

Herzliche Grüße

Der kleine Professor"

Diese Nachricht verbreitete sich mit Lichtgeschwindigkeit im Haus. Alle waren sofort zur Stelle und hörten sich die Neuigkeiten an. Papa stand in der Tür und grinste. Diese Aussichten erzeugten ein leichtes Kribbeln in meiner Magengegend. Eine Kanutour auf der Jade und weiter in einen unbekannten Altarm. Die Vorfreude war groß. Es ist etwas völlig anderes, eine kurze Kanurunde auf einem Sieltief zu fahren oder auf einem richtigen Fluss ins Unbekannte aufzubrechen.

Zum Einschlafen war ich viel zu aufgeregt. Ich dachte mir aus, wie die Paddeltour verlaufen könnte und was wir unterwegs alles sehen würden. Vor allen Dingen war ich darauf gespannt, an welcher Stelle unsere Fahrt enden würde: Wie lange kann eine Kanufahrt auf der Jade dauern? Ich musste mich gedulden, was mir ziemlich schwerfiel. Wir trafen uns in den nächsten Tagen immer wieder in der Bude und beratschlagten. Die Landkarten waren unser ständiger Begleiter. Gegenseitig malten wir uns diese Tour aus.

14 Die Kanutour – Von der Jade zum Schweiburger Siel

Wieder dehnte sich die Zeit wie ein zähes Kaugummi. Das Warten auf den Tag X machte kribbelig. Wir verbrachten die Nachmittage damit, unsere Aufzeichnungen wieder und wieder durchzuschauen. Wir überlegten, was wir bereits alles in Erfahrung gebracht hatten. Wir fragten uns, worüber wir wohl noch nicht nachgedacht hatten. Auf unseren bisherigen Ausflügen hatten wir Gräben, Sieltiefe, Schöpfwerke und Siele gesehen. Wir waren den Leken gefolgt und hatten beobachtet, wie sie sich mit der Annäherung an den Deich veränderten: Sie wurden breiter und führten immer mehr Wasser.

Der Zu- und Entwässerungskanal in der Wesermarsch hatte links und rechts kleine Deiche. Als wir daran vorbeifuhren, war er voll mit Wasser aus der Weser. Genauso wie das Sieltief vor dem Haus unserer Großeltern. Wir hatten beobachtet, dass das Wasser in den Bächen nach Regenfällen ansteigt. Dasselbe hatten wir in der Unwetterwarnung im Radio für die großen Flüsse gehört. Aber was passiert eigentlich, wenn das Klima sich ändert? In der Zeitung stand häufiger etwas über den Klimawandel. Die Temperatur auf der Erde wird wärmer, das Eis beginnt zu schmelzen. Würde zum Beispiel das Eis der Gletscher in den Alpen schmelzen, dann würde viel mehr Wasser in die Flüsse gelangen. Die Wasserstände steigen an. Wären die Deiche an den Flüssen noch hoch genug? Oder müssten diese Deiche immer höher gebaut werden, wie die Deiche an unserer Küste? Kann unsere Leke den vielen Regen auffangen?

F. Ahlhorn, U. Schotten, *Geheimsache Siel oder kann Wasser bergauf fließen?*,
DOI 10.1007/978-3-658-16979-4_14

Wir hatten uns schon Gedanken über den Boden gemacht. Wenn der Boden viel Wasser aufnehmen kann, wie ein Schwamm, dann wird das Regenwasser langsam in die Leke abgegeben. Das Abfließen verzögert sich. Und wenn das Regenwasser nacheinander aus den Bächen und Gräben kommt, dann kann die Leke es auch abfließen lassen. Im Versammlungsraum wurde beschlossen, dass das Internetteam sich noch einmal auf die Suche begeben sollte. Sie sollten Informationen zum Klimawandel zusammentragen, die sich nur mit unserer Region beschäftigen.

Die Suche im Internet förderte Unmengen an Hinweisen zu Tage, die mit unserer Region nichts zu tun hatten. Dabei ist uns klar geworden, dass über den Klimawandel eine Menge Menschen forschen und arbeiten. Das Internetteam hat die Suche ergebnislos abgebrochen, denn ohne Hilfe war für die beiden einfach kein Durchkommen. Sie gingen zu Papa. Der hatte in einem Forschungsprojekt mitgearbeitet, das sich mit der zukünftigen Entwässerung in der Wesermarsch beschäftigte. Meine Brüder fragten ihn, ob er ihnen kurz erzählen könne, was sich in Zukunft beim Klima ändern könnte. Und ob sich die Entwässerung daran anzupassen hätte. Anpassen heißt, dass an den Schöpfwerken, Gräben oder Sieltiefen etwas geändert werden muss. Zum Beispiel, dass die Gräben tiefer und breiter werden und dass die Pumpen in den Schöpfwerken stärker werden müssten.

Die beiden kamen mit der Antwort zurück, dass es durch den Klimawandel in den Wintermonaten wahrscheinlich mehr regnen und schneien würde. Zudem würden die Sommer trockener, was bedeutet, dass nicht mehr so viel Regen fällt. Das wäre nicht gut für die Felder, die im Sommer Wasser benötigen, damit Mais und Weizen wachsen können. Im Winter könnten Sturmfluten und starke Regenfälle häufiger zusammen auftreten. Dann könnten die Wassermengen aus dem Binnenland nicht mehr nach außen gepumpt werden. Wir hatten gelernt, dass die Pumpen dazu stark genug sein müssen, um gegen den Wasserstand vor dem Deich anpumpen zu können. Die Frage war jetzt, wie könnten Lösungen für diese Probleme aussehen? Was könnten die Menschen tun, damit sich diese Veränderungen nicht so schlimm auf unsere Region auswirken? Oder, dass sich das Wasser nach starken Regenfällen und einer Sturmflut vor dem Deich nicht in der Leke stauen und Keller von Häusern überschwemmen würde? Müsste das Regenwasser irgendwo zwischengespeichert werden? Sollte die Leke in unserem Bereich verbreitert werden? Der kleine Professor hat uns versprochen, dass wir während der Kanutour Antworten auf diese Fragen bekommen würden. Wir waren gespannt.

Der Tag X kam näher. Das Wetter schien sich von der besten Seite zeigen zu wollen. Es sollte die Sonne scheinen und über 20 °C warm werden. Die besten Voraussetzungen für eine Kanufahrt. Doch bis dahin mussten wir noch zwei Tage

Schule ertragen. Im Unterricht war ich in einigen Stunden abgelenkt. Manchmal blickte ich verträumt aus dem Fenster und war bereits als Kanukapitän auf der Jade unterwegs. Ich stellte mir vor, dass ich meine Kanukleidung angezogen hatte und nur noch auf das Boot wartete. Meine rote Schirmmütze auf dem Kopf, meine Regenjacke an, eine Schwimmweste um und ein Paddel in der Hand.

Für den Kunstunterricht waren diese Tagträume besondere Ideengeber. Ich wusste jedes Mal sofort, was ich malen konnte. Einmal einen Fluss mit einem Kanu. Dann einen anderen Fluss mit einem Kanu und zum Schluss noch mal Kühe auf grüner Wiese mit einem Kanu auf einem Fluss im Hintergrund.

Der Tag X war gekommen. Am Freitagnachmittag packten wir unsere Sachen ein. Am Samstagvormittag kam der kleine Professor frühzeitig um die Ecke gefahren. Er parkte und holte seine Tasche aus dem Auto. Wir begrüßten ihn und stiegen alle in unseren Bus ein. Wir fuhren die Geest hinunter ins Moor; ihr erinnert euch, dass wir oben auf der Geest wohnen. Der Boden, der auf den Feldern zu sehen war, hatte eine deutlich dunklere Farbe als die Felder an der Leke. Die Grabenränder waren durch Baggerarbeiten ebenso rasiert wie in der Leke. Auch die Grabenränder zeigten eine wesentlich dunklere Färbung als die Ufer der Leke. Vor einem Bahnübergang war ein neues Baugebiet erschlossen worden. Stromleitungen und Rohre waren in den Boden verlegt worden. Wir sahen die restlichen Kabel und Rohrenden herumliegen. An den Seiten lag die ausgehobene Erde. Sie sah dunkel und nicht bröckelig aus, als wenn sie aus groben Teilen bestand. Im selben Moment, als ich diesen Gedanken hatte, wies der kleine Professor auf die Erdhügel und erklärte, dass wir dort Moorboden sehen würden. Gut zu erkennen an den groben Pflanzenresten, die ihm ein bröckeliges Aussehen geben. Wir sollten uns diesen Anblick einprägen. Später würden wir mit den Paddelbooten durch die Marsch fahren und Kleiboden zu sehen bekommen, dann könnten wir die Böden miteinander vergleichen.

Wir erreichten den Parkplatz beim Bootsverleih, hielten an und packten unsere Rucksäcke aus. Die Boote lagen auf einem Trockengerüst, das aus zwei Pfosten und einer Latte bestand. Jeder bekam eine Schwimmweste und ein Paddel in die Hand. Mein Tagtraum wurde Wirklichkeit, die Schwimmwesten waren blau.

Wir hoben die Kanus vom Trockengestell und ließen sie in die Jade gleiten. In jedes Kanu kamen ein Erwachsener und zwei Kinder. Die Erwachsenen stiegen zuerst ein und setzten sich ins Heck. Die Steuerung übernahmen der kleine Professor und Papa.

Wie gut, dass wir das Einsteigen bereits auf dem Sieltief in Waddens mit unserem Onkel geübt hatten. So konnten wir zügig die richtigen Positionen im Kanu besetzen. Als alle in den Kanus und die wasserfesten Tonnen mit unseren Rucksäcken an Bord waren, stachen wir in den Fluss (Abb. 14.1).

Abb. 14.1 Das Einsetzen der Boote war leicht, aber das Navigieren mussten wir erst wieder üben

Es war still. So früh am Vormittag waren kaum Geräusche zu hören, außer vereinzeltem Vogelgezwitscher. Die Jade lag ruhig unter uns und die Sonne schien vom Himmel. An den Ufern wogten die Schilfrohre seicht hin und her, angetrieben durch den leichten Wind.

Zuerst mussten die Bewegungsabläufe wieder geübt werden, wann die Paddel ins Wasser gelassen werden und wie tief. Da es uns nicht auf Geschwindigkeit ankam, konnten wir die richtigen Abläufe in Ruhe üben. Jeder genoss die Stille, es waren keine Autos zu hören. Auf dem Wasser wirkten die Geräusche gedämpfter.

Die Steuerung der Kanus war schwieriger als gedacht. Am Anfang schlingerten wir von einer Seite der Jade auf die andere. Mal wurde das Steuer zu scharf in die eine, mal zu stark in die andere Richtung gestellt. Nach etlichen Schlingerbewegungen hatten wir die erste Brücke erreicht. Aus unseren Booten heraus hatten wir eine gute Sicht über die angrenzenden Felder. Der Wasserstand war hoch genug, sodass wir über das Ufer der Jade hinweg schauen konnten. In der Ferne war der Deich zu erkennen. Vögel flogen auf und kreischten und ließen sich anschließend wieder im Gras nieder. Einige Kiebitze hatten ihre Nester auf den Weiden gebaut und wollten sehen, ob sich irgendetwas Gefährliches ihren Nestern nähern würde. Die Kapitäne steuerten die Boote annähernd auf geradem Kurs den Fluss entlang. Sie hatten herausgefunden, wie stark die Paddel zum Lenken verdreht werden durften. Natürlich wurden am Anfang die notwendigen Wackeltests durchgeführt. Die Kapitäne wollten testen, wie seetüchtig die Kanus mitsamt den Insassen waren.

Auf den ersten Metern führte uns die Jade durch den gleichnamigen Ort Jade. Auf der einen Seite war das Betriebsgelände des Entwässerungsverbandes Jade gelegen. Auf der anderen Seite standen Häuser, deren Bewohner die Lage an der Jade zu nutzen wussten. Am Ufer hatten sie sich einen gemütlichen Sitzplatz mit Stühlen und einem Tisch geschaffen. Jetzt am Vormittag lud dieser Platz zu einem Frühstück in der Sonne ein.

Danach schlängelte sich die Jade in weiten Bögen durch die Landschaft. Wir passierten den Zufluss der Wapel. Die Wapel ist ein größerer Entwässerungsgraben, so etwa wie unsere Leke. Sie bringt das Wasser aus der Geest zur Jade. Wir ließen die Kanus dahingleiten und spekulierten über das, was wir in den nächsten Minuten sehen würden. Der kleine Professor erzählte, dass im Entwässerungsverband Jade vor einiger Zeit eine besondere Idee entwickelt wurde.

Die Idee war, alte Entwässerungsgräben und -kanäle wieder miteinander zu verbinden. So gibt es einen Altarm an der Jade, der vor vielen Jahren ein Zufluss zum Jadebusen war. Bis heute wurde er nicht mehr genutzt. An diesem Altarm liegen Weiden und Wiesen, die von Landwirten genutzt werden. Im Entwässerungsverband Jade gibt es zwei Bauwerke, die die Entwässerung in den Jadebusen regeln. Zum einen ist es das Wapeler Siel mit Schöpfwerk, das direkt an den Jadebusen angeschlossen ist. Und nördlich davon liegt die Pumpstation Schweiburg. Die beiden Bauwerke waren nicht über Gräben miteinander verbunden. Somit floss das Wasser aus der Jade über das Wapeler Siel ab. Und das Wasser aus dem nördlicheren Teil wurde über das Pumpwerk Schweiburg in den Jadebusen gepumpt.

Die Überlegung war, eine Verbindung dieser beiden Bauwerke über die vorhandenen Gräben herzustellen. Dazu wurde, vereinfacht gesagt, ein Graben verlängert und mit einem anderen verbunden. Der eine Graben war der Altarm der Jade, auf dem wir in den nächsten Minuten fahren würden. Die Verbindung der beiden Bauwerke hat den Vorteil, dass Wasser aus den tief liegenden Flächen in beide Richtungen entwässert werden kann. Mit der Verbindung war ein Überlaufpolder geschaffen worden, den es zuvor nicht gegeben hatte. Die Polderfläche war vor der Baumaßnahme eine Wiese. Aus dieser Fläche wurde Klei für den Deichbau gewonnen. Das so entstandene Loch ist nicht wieder verfüllt worden. In diesen Polder kann Jadewasser einfließen, wenn der Wasserstand in der Jade zu hoch ist und nicht nach außen abgepumpt werden kann. Das klingt ja ganz nach der Idee vom Anfang meiner Geschichte, in der ich von einem Speicherbecken geschrieben hatte. Der große Polder wird nur dann mit Wasser geflutet, wenn Bedarf dafür ist (viel Regen und hoher Wasserstand draußen vor dem Deich), ansonsten wird die Fläche weiterhin von Landwirten genutzt.

Wir waren gespannt, wie das aussehen würde. Wir paddelten weiter und wollten erst eine Pause machen, wenn wir diesen Polder erreichten. Das Paddeln gelang uns ganz gut, denn mittlerweile hatten wir Übung darin. In einem Kanu konnte der vordere Paddler einmal ausgetauscht werden, in dem anderen ging das nicht, denn Nina konnte noch nicht so gut paddeln.

Wir näherten uns dem ersehnten Zwischenziel. Der Altarm der Jade tauchte vor uns auf. Wir bogen in den Nebenfluss ein und sahen in einiger Entfernung schon die Veränderungen in der Landschaft: Die Ufer waren rechts und links etwas höher als zuvor. Wir konnten nicht mehr darüber hinweg sehen. Mit der Annäherung an den Polder erblickten wir, dass das Ufer auf der einen Seite abgeflacht war. Wir paddelten näher heran, legten mit unseren Kanus an einem geeigneten Uferstück an und stiegen aus. Als wir die Kanus verlassen und das Ufer erklommen hatten, bot sich uns ein fantastischer Anblick. Vor uns lag eine riesige Fläche, die viele verschiedene Elemente in sich barg. Direkt an den abgesenkten Bereich des Ufers schlossen kleine Tümpel oder Legden (wassergefüllte Löcher) an. In diesen Wasserlöchern tummelten sich verschiedene Vögel: Möwen und Enten aber auch Austernfischer. Die flachen Übergänge zwischen trockenen und nassen Bereichen ermöglichen den schwimmunfähigen Vögeln, dort nach Nahrung zu suchen. In der Mitte des Polders liefen grasende Kühe zwischen den Vögeln. Am anderen Ende des Polders waren Pferde zu sehen. Der Polder ist ringsum mit einem niedrigen Deich versehen, sodass das Wasser nicht in die umliegenden Flächen strömen kann. Schmale und breite Wasserläufe durchzogen den gesamten Polder: Das Wasser darin spiegelte sich in der Sonne.

Der Polder wurde nicht nur durch Vögel und die Landwirte genutzt. Auf dem ringsherum verlaufenden Deich ist ein Pfad errichtet worden, auf dem Fahrradfahrer und Wanderer den Polder erkunden können. An einigen Stellen sind Schautafeln aufgestellt, die erklären, was in der Fläche zu sehen ist. Beispielsweise die unterschiedlichen Tiere, die sich zu den verschiedenen Jahreszeiten hier aufhalten.

Im Polder waren niedrige Bodenerhebungen zu sehen. Ich fragte den kleinen Professor, wozu diese Hügel dienen. Diese Hügel waren als Zuflucht für die Tiere gedacht, erklärte er. Wenn im Frühjahr oder im Herbst die Tiere noch in der Fläche laufen und Wasser aus der Jade in den Polder fließt, dann können sie sich auf diese Erhöhungen retten. Sie dienen als Rettungsinseln.

Wir wollten die Aussicht ausgiebig genießen und holten das Picknick aus den Booten. Wir suchten ein Plätzchen, von dem wir einen guten Überblick sowohl über den Polder als auch über den Altarm der Jade hatten. Die Getränke und mitgebrachten Fressalien wurden ausgepackt. Der kleine Professor und Papa genossen den heißen Kaffee, der in der noch kühlen Luft dampfte. Zwischendurch waren die Geräusche der Vögel zu hören und wir versuchten, den dazugehörigen Vogel zu erraten. Gut, dass wir unser Bestimmungsbuch im Rucksack hatten. Mit dem Auge war die Bestimmung etwas einfacher als mit den Ohren. Das Fernglas wurde reichlich genutzt, denn die Vögel hielten sich nicht direkt bei uns auf. Nach einer Weile hatten wir raus, welcher Vogel welches Geräusch machte. Austernfischer und Möwen waren einfach zu unterscheiden.

Nach der Rast packten wir unsere Picknickreste zusammen und gingen zu den Kanus. Wir hatten noch einen weiten Weg vor uns. Wie weit, das wollten wir unbedingt herausfinden. Es sollte in den neu gestalteten Gräben, die nur für kleine Boote passierbar waren, zum Pumpwerk Schweiburg gehen. Die Wasserläufe wurden immer schmaler und die Ufer waren vom hohen Schilf bedeckt, sodass wir nicht darüber hinaus schauen konnten. Das Schilf wogte im Wind hin und her, ab und zu flog eine aufgeschreckte Ente auf. Die Kanus unterquerten eine Straße und wir folgten den engen Gräben, bis wir auf den Verbindungsgraben stießen. Dieser Verbindungsgraben war neu und darum zeigten sich an seinen Ufern auch noch die üblichen Spuren der Bagger, die ihn ausgehoben hatten. Wenige Paddelschläge später gelangten wir zum Übergang in den Schweiburger Pumpgraben. In ihm paddelten wir zum Schweiburger Haupttief. Es liegt etwas höher als die angrenzenden Felder, sodass wir eine gute Sicht hatten. Auch das Haupttief war schmal, die Kanus konnten nicht nebeneinander fahren. Durch den hohen Wasserstand konnten wir nicht unter der Brücke hindurchfahren. Wir mussten uns ducken. Die Boote passten knapp hindurch.

Dieser letzte Teil unserer Paddelstrecke kann auch mit dem Fahrrad abgefahren werden. Ein Fahrradweg war gleichzeitig mit der Erweiterung der Verbindungsgräben gebaut worden. Somit konnte die von uns gefahrene Strecke mit dem Rad, zu Fuß oder mit dem Kanu bewältigt werden. Solche Angebote werden reichlich genutzt. Der Fahrradweg führt direkt neben dem Haupttief entlang und unter der Brücke hindurch. Bei zu hohem Wasserstand hätten wir die Kanus über den Fahrradweg tragen müssen. Das bedeutete mit voll beladenen Booten viel Lauferei.

Das Haupttief führte uns weiter in Richtung Jadebusen bis zur Pumpstation Schweiburg. Kurz vor dem Mahlbusen (ein Speicherbecken vor der Pumpstation)

Abb. 14.2 Ein Überlaufpolder bietet Pflanzen, Tieren und Menschen Vorteile

gab es eine Anlegestelle, an der die Boote abgegeben wurden. Nach einer langen aber schönen und ereignisreichen Fahrt legten wir mit den Kanus ohne nasse Füße am Steg an. Wir räumten die Boote aus und gaben sie an die Vermieter zurück. Mit dem Gepäck unter dem Arm gingen wir in das naheliegende Café, um uns mit Kaffee, Kakao und Kuchen zu stärken.

Am Abend fiel ich schwer und abgrundtief müde ins Bett und schlief sofort ein. Was für ein Tag! (Abb. 14.2)

Ende

15

Am nächsten Morgen wachte ich auf und wurde das Gefühl nicht los, immer noch im Kanu zu sitzen. Seicht auf der Jade und den Gräben dahin zu gleiten. Leider ging die Schule wieder los. Wir machten uns alle mit einem Lächeln im Gesicht auf den Weg in die lokalen Bildungseinrichtungen (Schule und Kindergarten).

Nach der Schule trafen wir uns in der Bude und beratschlagten, ob wir jetzt noch offene Fragen hätten. Nach so vielen Ereignissen und so viel zusammengetragenem Wissen beschlossen wir, die Geschichten und das Erlebte aufzuschreiben.

Jetzt wisst ihr, was wir alles auf den Spuren des Wassers erlebten. Vielleicht gibt es bei euch auch eine Gelegenheit für solche Entdeckungen? Schaut euch mal in der Landschaft oder in eurer Nachbarschaft um.

Wir freuen uns schon auf ein neues Abenteuer, das wir erleben können, wenn wir wieder mal draußen in der Landschaft umherstrolchen. Bis dahin alles Gute.

Euer DCW-Mitglied Marten.

F. Ahlhorn, U. Schotten, *Geheimsache Siel oder kann Wasser bergauf fließen?*,
DOI 10.1007/978-3-658-16979-4_15

Glossar

Anlagen In diesem Buch werden als Anlagen alle Bauwerke und Geräte bezeichnet, die für die Wasserwirtschaft wichtig sind: Schöpfwerke und Pumpstationen.

Archimedische Schraube Um eine Welle aus Metall oder Holz ist eine Spirale gewickelt, mit der Flüssigkeiten von einer tiefer liegenden Fläche auf eine höher gelegene Fläche gepumpt werden kann. In den Entwässerungsverbänden wird an einigen Stellen mit Hilfe der archimedischen Schraube Wasser von einem niedrig liegenden Graben in ein höher liegenden Kanal oder Siel gepumpt. Diese Schrauben sind häufig auf Wasserspielplätzen zu finden.

Außenwasserstand Der Wasserstand vor dem Deich wird als Außenwasserstand bezeichnet.

Bäke Der Begriff Bäke ist die niederdeutsche Bezeichnung für Bach.

Binnentief Ein breiter Entwässerungsgraben, der zu einem Schöpfwerk führt.

Deich Ein Erdwall, der die niedrig liegende Küste vor Sturmfluten schützt.

Dollart Eine Bucht an der südlichen Nordsee, in der Nähe der Stadt Emden.

Drainagerohr Ein im Erdboden liegendes Rohr, das oben durchlöchert ist und das Regenwasser von den Feldern in den nächsten Graben führt.

Entwässerungsverband Eine Vereinigung, die für die Entwässerung einer bestimmten Fläche zuständig ist. Der Entwässerungsverband benötigt für seine Arbeit: Gräben, Siele und Schöpfwerke.

Fäding Ein Loch im Boden, in dem die Menschen vor langer Zeit Regenwasser aufgefangen haben, um es als Trinkwasser zu nutzen.

Geestrücken Die Landschaft, die ungefähr zehn Meter über dem Meeresspiegel liegt und seit der letzten Eiszeit nicht vom Meer überspült wurde.

F. Ahlhorn, U. Schotten, *Geheimsache Siel oder kann Wasser bergauf fließen?*,
DOI 10.1007/978-3-658-16979-4

Groden Ehemalige Salzwiesen, die nach der Eindeichung landwirtschaftlich nutzbar wurden.

Grüppe Kleine Rinnen in Feldern und Wiesen, die zur Entwässerung dienen.

Heckdämme Manche Felder und Wiesen sind nur durch die Überquerung eines Grabens oder Sieles zu erreichen, dann werden Rohre verlegt und auf diesen werden dann Dämme errichtet. Als Abgrenzung der Felder dient ein Heck (auch Gatter genannt).

Hochwasserwarnung Hinweis im Radio oder Fernsehen, dass Flüsse oder Bäche über die Ufer treten können.

Höhenlagen In der Landschaft gibt es unterschiedliche Höhen: Berge, Täler oder auch Schluchten. An der Küste sind die Unterschiede in der Höhe nicht so deutlich. Flächen, die auf der gleichen Höhe liegen, bilden eine Höhenlage.

Klimawandel Veränderungen im Klima können zu einem höheren Meeresspiegel führen oder auch zu mehr Regen im Sommer. Gründe für den Klimawandel gibt es viele: Der Mensch verbrennt Öl und Gas und erhöht damit den Anteil der Treibhausgase in der Luft, womit es zu einer Erwärmung kommt. Auch die Sonne kann durch die unterschiedliche Kraft ihrer Strahlung zu Veränderungen im Klima beitragen.

Landkreis In Deutschland gibt es 16 Bundesländer, die in kleinere Einheiten unterteilt sind. In Niedersachsen werden diese kleineren Einheiten Landkreise genannt. Die Landkreise sind in noch kleinere Einheiten unterteilt, die Gemeinden genannt werden.

Legden Flache Wasserlöcher in Wiesen und Feldern.

Leke Bezeichnung für einen Bach oder Entwässerungsgraben.

Liter pro Quadratmeter Ist die Maßeinheit für den Niederschlag, der auf den Boden fällt.

Mahlbusen Ein kleiner See, der vor einer Pumpstation oder einem Schöpfwerk zu finden ist. Dieser Mahlbusen dient der Aufnahme einer bestimmten Menge an Wasser, das über den Deich gepumpt werden soll.

Moor Eine ständig mit Wasser gesättigte Landschaft, die mit niedrigen Pflanzen bewachsen ist.

Mündungsschöpfwerk Ein Schöpfwerk, das sich im Hauptdeich befindet und das Binnenwasser über oder durch den Deich nach außen pumpt.

Niederschlag Regen, Schnee und Hagel werden als Niederschlag bezeichnet.

Normalhöhennull (NHN) In Deutschland bezeichnet Normalhöhennull den Nullpunkt für die Höhenmessung. Die Höhenangaben von einem Berg mit 500 Metern über Normalhöhennull bedeutet, dass die Spitze des Berges 500 Meter über dem Meeresspiegel liegt. An der Küste gibt es auch Flächen, die unter Normalhöhennull liegen. Diese Flächen würden ohne Deiche bei jedem Hochwasser (Flut) unter Wasser stehen.

Pegel Ein Messinstrument, um den Wasserstand zu messen.

Polder Ehemalige Salzwiese, die jetzt von Deichen gegen Überflutung geschützt wird.

Ponton Ein schwimmender Metallkasten, auf dem verschiedene Gegenstände transportiert werden können. In diesem Buch ist der Metallkasten mit einem Geländer umgeben und dient als Fähre für Fußgänger und Fahrradfahrer über einen schmalen Kanal.

Pumpweg Der Weg, den das Wasser innerhalb eines Schöpfwerkes nehmen muss, um über den Deich gepumpt zu werden.

Salz-Süßwassergrenze Das Meerwasser ist salzig. Das Regen- und Flusswasser ist süß. An der Küste treffen beide Wasserarten aufeinander.

Salzwiese Die Flut bringt Material an die Küste. An ruhigen Stellen wird dieses Material abgelagert. Diese Bereiche wachsen mit der Zeit in die Höhe. Die ersten Pflanzen siedeln sich an. Wächst dieser Bereich immer weiter in die Höhe, wird er als Salzwiese bezeichnet, denn er steht weiterhin unter Salzwassereinfluss.

Schleuse Verbindung, die den Höhenunterschied im Wasserstand zwischen zwei Flüssen oder einem Fluss und dem Meer für Schiffe überwinden helfen.

Sedimentation Fachbegriff für die Ablagerung von Material aus dem Wasser.

Siele Es bezeichnet das Bauwerk in einem Hauptdeich, durch das Binnenwasser nach außen gelangen kann. Im Gegensatz zu Schöpfwerken werden die Sieltore durch den Außenwasserstand bewegt.

Sieltief Der Entwässerungsgraben, der das Binnenwasser zum Siel oder Schöpfwerk bringt.

Sielzugzeit Die Zeit zwischen Hoch- und Niedrigwasser, in der Binnenwasser durch ein Siel nach außen gelangen kann.

Silo Eine Anhäufung von Gras oder Mais, das im Sommer zusammengefahren und mit einer Folie abgedeckt wird und als Futter für die Wintermonate dient.

Sturmflut Wenn starker Wind das Nordseewasser an die Küste treibt und die Flut höher aufläuft als normal.

Unterschöpfwerk Ein Schöpfwerk, das sich in der Fläche des Entwässerungsverbandes befindet und nicht im Deich ist.

Wasserschöpfmühle Als es noch keinen Strom gab, wurden Windmühlen für das Schöpfen des Wassers gebaut.

Wasserverband Im Norden Deutschlands ist die Trinkwasserversorgung durch einen Wasserverband geregelt. Das Trinkwasser wird aus dem Grundwasser gewonnen, gereinigt und an die Häuser geleitet.

Wattenmeer Im südlichen Bereich der Nordsee ist die Strömung und der Wellengang nicht so stark, sodass sich Material aus dem Wasser dort ablagern konnte. Heute wird der Bereich zwischen dem Festland und den vorgelagerten Inseln als Wattenmeer bezeichnet.

Wurten Kleine Erdhügel, auf denen Menschen ihre Häuser gebaut haben.